乡村生态振兴背景下滴灌施肥技术增效减排效果研究

陈 静 著

中国农业出版社
北 京

前　言

以生态环境友好和资源永续利用为导向，推动形成农业绿色生产方式，实现投入品减量化、生产清洁化、废弃物资源化，推进农业绿色发展是乡村生态振兴的重要支撑之一。滴灌施肥技术被公认为是一种具有节水、节肥、减少污染等优点的水肥一体化田间管理措施，在国内外干旱区已广泛应用。华北平原属于半干旱、半湿润地区，是我国重要的粮食生产区，冬小麦、夏玉米两种作物产量约占全国小麦、玉米总产量的1/5，水资源短缺和面源污染等环境污染问题已经成为制约该地区农业可持续发展的主要因素。滴灌施肥技术在华北平原冬小麦-夏玉米轮作大田中应用是否能够节水节肥，是否能够减少温室气体排放，是否能够作为华北平原农业绿色发展的先进适用技术是一个值得深入研究的问题。

本书首先通过田间试验分析了滴灌施肥条件下的水氮运移规律。在滴灌施肥条件下，滴灌量会影响滴灌后水、氮的水平和垂直运移，其中对水平运移的影响更大。灌水量越大，滴灌施肥后水分和硝态氮（NO_3^-－N）运移的垂直深度越大，减少灌水量可以降低灌溉水深层渗漏损失和NO_3^-－N深层淋溶的风险。随施氮量的增加，滴灌施肥后NO_3^-－N水平方向上呈现出在湿润土体边缘聚集的现象越来越不明显的特征。合理的施肥量有利于提高滴灌后土壤养分的均匀性，垂直方向上 NO_3^- -N 没有出现在湿润体边缘聚集的现象。在冬小麦和夏玉米收获后，0～100cm 土壤剖面 NO_3^- -N 累积量与施氮量呈正相关关系，0～40cm 土层的 NO_3^- -N 增加量显著高于土壤其他层次。

然后分析了滴灌施肥对水分和氮肥利用效率的影响。冬小麦生长季中，合理的滴灌施肥可以提高水分的利用效率。夏玉米生长季由于正值雨季，降水量充足，采用滴灌措施未能提高夏玉米的产量和水分利用效率。在冬小麦季滴灌施肥措施下各处理的氮肥表观损失量介于 0～21.59kg ha^{-1}，与施氮量呈正相关关系，而常规漫灌施肥处理的氮肥表观损失量高达 228.58kg ha^{-1}，远高于滴灌施肥处理。与冬小麦生长季不同，在夏玉米生长季滴灌施肥未能减少氮肥的表观损失。滴灌施肥和常规漫灌施肥相比能够减少表层土壤水分和氮肥的损失。从冬小麦拔节期的对比结果来看，滴灌施肥措施土壤蓄水保墒和保肥效果均优于漫灌撒施肥料措施。常规漫灌施肥方式下，夏玉米季存在更大的 NO_3^- -N 淋失风险。滴灌措施比漫灌措施全年表层土壤水分和 NO_3^- -N 含量的波动幅度均更小。

而在温室气体排放方面，滴灌施肥措施下各处理一氧化二氮（N_2O）排放通量均较低，滴灌施肥后 N_2O 排放总体呈现上升式波动的态势，上升波动时间一般为 3～5 天，但是波动幅度均较小，较大的 N_2O 排放峰出现在降水较多的 7 月。滴灌施肥处理的排放峰强度和持续时间明显低于常规漫灌施肥处理。在相同施氮量情况下，滴灌施肥比常规漫灌施肥能减少 43%的 N_2O 排放量。滴灌施肥措施平均直接排放系数和排放强度分别比常规漫灌施肥减少了 27%和 47%。表层土壤温度、WFPS 和 NO_3^-－N 含量都显著影响滴灌施肥条件下农田土壤 N_2O 排放。

最后结合 DNDC 模型模拟提出了多目标调控下的华北平原冬小麦-夏玉米轮作系统滴灌施肥优化技术。通过田间试验结果校正后的 DNDC 模型的模拟分析，华北平原冬小麦-夏玉米轮作系统，综合作物产量、环境效应和 N_2O 排放等多目标的优化滴灌施氮量技术为冬小麦季滴灌 130mm（灌溉系数为 1）、施氮 189kg N ha^{-1}，夏玉米季滴灌 19.2mm（灌溉系数为 0.2）、施氮 231kg N ha^{-1}，同时玉米生长季将雨季条施取消改为在生长季分 4 次全部滴灌施肥。这可以为在华北平原冬小麦-夏玉米大田中的滴灌施肥管理提供理论参考。

本书是在我的博士论文基础上修改完成的，非常感谢我的导师邱建军研究员。虽然他已离去，但是他的严谨和敬业永远影响着我，他的批评和鼓励永远激励着我。感谢中国农业科学院农业资源与农业区划研究所王迎春研究员、王立刚研究员和李虎研究员，他们为论文的修改和完善提出了非常多有价值的参考意见和建议。感谢李长生老先生在模型方法上多次悉心指导。感谢桓台试验站的胡正江站长、伊副站长和张国老师，感谢试验站的耿凤梅大姐、张姐和耿大娘以及其他的工人们，感谢你们在我开展田间试验期间提供了很多的帮助。感谢实验室的同门（杨黎、李建政、何翠翠、张婧等）在田间试验、样品处理、模型模拟等方面给予的帮助。最后，我要特别感谢中国农业科学院农业经济与发展研究所的吴永常研究员，他为本书的出版给予了大量帮助和支持。

著　者

二〇二〇年七月

目　　录

第一章　导　论

第一节　研究背景

华北平原是我国主要粮食生产区之一，小麦、玉米两作物产量约占全国总产量的 1/5（刘昌明等，2005），为国家粮食安全和农产品有效供给提供了重要支撑。以冬小麦-夏玉米一年两熟为主的轮作体系在华北平原运行了近半个世纪，粮食产量不断提升，粮食的生产不仅依赖华北平原得天独厚的季风性气候，雨热同季，地势平坦，而且该区相对充沛的地下水资源大量被开采用于地表灌溉，支撑了小麦、玉米两季作物实现亩产吨粮。随着经济社会快速发展，水资源紧缺、地下水超采成为华北平原农业可持续发展的主要制约因素和瓶颈。目前，华北平原超采的地下水占地下水开采量的 70%，占供水总量的 60%左右。同时，农业用水占总用水量的 75%以上（张光辉等，2009；费宇红等，2007）。华北平原单位耕地面积化肥用量为世界平均水平的 3 倍左右（吴舜泽等，2013），由于连续多年大量施用氮肥，土壤中氮素累积、淋溶以及温室气体排放已经成为不可忽视的生态环境问题（刘光栋等，2005；侯彦林等，2009），已经成为全国地下水污染防治的重点地区（吴舜泽等，2013）。据报道，该区域冬小麦-夏玉米农田每年产生 4.1～7.6kg N ha^{-1}的 N_2O 排放（孟磊等，2008；裴淑玮等，2012；李虎等，2012）。在保证粮食产量的基础上发展节水、节肥、减排的生态友好型农业是该地区农业可持续发展的重要任务。

滴灌施肥是一种将水溶性肥料与管道灌溉系统相结合高效利用水肥资源的技术，指将水溶性肥料加入滴灌系统，在灌溉的同时将肥料随水输送到作物根区，适时、适量满足作物水、肥需求的一项水肥一体化农业新技术（Akimasa et al.，2003；Khalil et al.，2007；吴勇等，2011）。国内外研究均表明滴灌与其他灌溉方式相比能显著提高水分利用效率 14%～35%（蒋桂英等，2012；Wang et al.，2013；聂紫瑾等，2013）、肥料利用效率 30%左右（尹飞虎等，2010，2011）和作物产量 10%～20%（尹飞虎等，2011；刘虎成等，2012），而且从整个生命周期能量消耗来看，可以节省 12%的能量消耗（Papanikolaou et al.，2013）。与传统撒施的施肥方法相比，滴灌施肥的显著特点是可以将水肥通过滴灌系统直接输送到作物根区，以保证水分和养分被作物根系快速吸收（Burt et al.，1998）。同时，滴灌施肥还可以减少施入氮肥的气体和淋失损失，与漫灌方式相比能够减少 30%～75%的 N_2O 排放（Kallenbach et al.，2010；Suddick et al.，2011；Sánchez et al.，2008，2010；Taryn et al.，2013）。适量施肥和适量灌水能够减少深层土壤 NO_3^- -N 累积，从而减少 NO_3^- -N 淋失风险（张学军等，2007a，2007b；隋方功等，2001；罗涛等，2010）。

在全球范围内，随着生态环境和粮食安全问题的日益突出，滴灌施肥这项资源节约型、环境友好型技术方兴未艾。根据第六次国际微灌大会资料，1981—2000，全世界采用微灌技术的面积增加了 633%，达到了 373.3 万 ha。目前在滴灌施肥发展最快的以色列，其应用面积占比达到了 90%以上，美国灌溉农业中 60%的马铃薯、25%的玉米、33%的果树均采用滴灌施肥技术，此外澳大利亚、西班牙、意大利、法国、印度、日本、南非等国家的滴灌施肥技术发展也很快（吴勇等，2011）。由于滴灌施肥技术投入成本高、对管理水平要求较高，最早主要应用于经济作物和保护地种植中，国内外对滴灌的研究也大多围绕果树、蔬菜、棉花等产值较高的作物开展，对小麦、玉米等粮食作物的研究相对较少，中国对粮食作物的滴灌研究主要集中在新疆等干旱地区（程裕伟等，2011；王冀川等，2012）。近年来随着该项技术日渐成熟，粮食安全、水资源短缺、农业面源污染等问题的日益严峻，国家对农业可持续发展高度重视，滴灌施肥技术在大田作物上的应用示范面积逐渐扩大，其经济效益和环境效应逐渐显现，也有学者将研究区域扩展到水资源短缺的华北平原（Wang et al.，2013；聂紫瑾等，2013；杜文勇等，2011）。

滴灌施肥后水肥的运移规律非常复杂，受土壤类型、气候条件、灌水量和肥料类型等多种因素的影响。已有研究表明滴灌后水分会在滴头周围土壤形成一个横向和纵向距离不同的近似截顶椭球体（Zur，1996；Haynes，1985），行播作物中滴头距离较近，这些椭球体在滴灌带方向相连（Haynes，1985）。具体的水平和垂直湿润范围主要与土壤性质、滴头流量和灌水量有关（李久生等，2003）。李久生等的室内滴灌施肥模拟试验研究表明，滴灌结束后湿润土体边缘有 NO_3^- - N 累积的现象（Li et al.，2004；李久生等，2002，2003）；Haynes（1990）和杨梦娇等（2013）利用尿素溶液进行的滴灌施肥田间试验的结果则表明，滴灌施肥后 NO_3^- - N 主要聚集在滴头下方，不存在湿润土体边缘聚集的现象。Blaine 等（2006）应用 HYDRUS - 2D 模型模拟了尿素、铵和硝酸盐三种肥料进行滴灌施肥后在土壤中的运移情况，结果显示滴灌施肥后尿素横向稍有扩散，随着时间推移由于水解作用浓度逐渐降低，氨肥由于土壤吸附作用聚集在滴头周围，而硝酸盐非常惰性，滴灌施肥后一直向下运移。

但是在华北平原冬小麦-夏玉米种植制度下应用该项技术还缺乏必要的技术支撑，缺乏推广应用的理论基础，在试验区条件下滴灌施肥后的水氮运移规律、节水节肥减排效果、滴灌量确定方法与原则、滴灌施肥条件下的合理施氮量、滴灌施肥时间和次数等滴灌施肥制度均不明确。因此，本书以华北平原冬小麦-夏玉米种植模式为例，将定位试验和过程机理模型相结合，系统分析滴灌施肥条件下水氮运移规律、水氮利用效率，以及土壤 N_2O 排放特征，进而提出冬小麦-夏玉米滴灌施肥优化调控措施，为该项技术的应用提供数据支撑和理论指导。

第二节　国内外研究现状

一、滴灌施肥效应及其机理

滴灌施肥与传统模式相比，它实现了六大转变，即由渠道灌水向管道灌水转变、由浇田向浇作物转变、由土壤施肥向作物施肥转变、由水肥分开向水肥一体转变、由单一管理向综合管理转变、由传统农业向现代农业转变（吴勇等，2011）。

我国滴灌施肥的研究是从 1974 年引进墨西哥的滴灌设备后开始的（刘建英等，2006），从 20 世纪 90 年代中期开始，灌溉施肥的理论及应用技术逐渐受到重视，各地相继开展技术研讨和技术培训。从 2000 年开始，全国农业技术推广服务中心与国际钾肥研究所（IPI）合作，连续 5 年在不同地区举办水肥一体化技术培训班。当前，灌溉施肥技术在我国的应用面积已经超过 193.3 万 ha，已经由过去的试验、示范发展为大面积推广，应用作物也已经从设施蔬菜、果树等经济作物扩大到棉花、玉米、小麦、马铃薯等大田作物（吴勇等，2011），应用范围由华北地区扩大到了西北干旱区、东北寒温带以及华南亚热带等地区（艾军等，2007），尤其在新疆干旱区应用面积最大，技术也最为成熟。

1. 滴灌施肥应用效果

滴灌施肥技术作为一项综合技术，其应用效果研究基本以田间试验对比为主，主要集中在灌溉用水效率、肥料利用率和生态环境效应等方面。

（1）提高灌溉用水效率

滴灌可提高水资源利用效率。一方面，滴灌是全管道输水和局部微量灌溉，灌溉水滴入土壤，其间地面基本不产生径流，直接浇灌作物，减少了作物的棵间蒸发，使水分的渗漏和损失大大降低。另一方面，从滴灌输水系统来看，灌溉水在一个全程封闭的输水系统内，可减少水分在输水过程中的下渗和蒸发，从而达到节水的效果。根据全国农业技术推广服务中心 2002 年以来在河北、山东、北京、新疆、山西等省示范推广点的调查结果，蔬菜和果树应用微灌施肥技术后水分生产效率可以提高 6～10.5kg mm^{-1} ha^{-1}（夏敬源等，2007）。在玉米、小麦、马铃薯、棉花、洋葱等大田作物上应用滴灌施肥技术可以比漫灌节约用水 40%以上（吴勇等，2011），比喷灌节约用水 30%（Oppong，2015）。而在保护地栽培下，滴灌施肥与常规畦灌相比，每亩* 大棚一季可以节水 80～120m^3，节水率为 30%～40%（逄焕成，2006）。

（2）提高肥料利用效率

合理的滴灌施肥措施可提高肥料利用率。滴灌施肥下由于化肥与灌溉水融合，养分直接均匀地输送到作物根系层，湿润范围为根系集中区，水、肥被直接输送到作物根系最发达的部位，能够提高施肥区域的养分利用效率（Ouyang et al.，1999）。在一般条件下滴灌施肥可以获得相当或更高的作物产量，同时可以提高肥料利用效率 50%以上（Haynes，1985）。在大田春小麦上，滴灌施肥较常规施肥氮、钾利用率分别提高了 4.7%和 3.2%，但磷素差异不大（尹飞虎，2011）。对于盆栽玉米来说，滴灌施氮肥比基施氮肥＋滴灌处理的氮肥利用率可高 8.8%～21.5%（邓兰生等，2007）。刘洪亮等（2004）在新疆进行滴灌施肥技术试验研究，结果表明滴灌施肥当季肥料利用率为 47.8%～53.2%，高于常规淹灌施肥处理。王娟等（2011）通过模拟土柱试验，应用^{15}N 同位素示踪技术的研究结果表明，滴灌施肥处理棉花各器官及整株^{15}N 吸收量及吸收氮素来自肥料的比例均显著高于漫灌施肥处理，滴灌施肥处理棉花氮肥利用率为 57.9%，显著高于漫灌处理的 50.7%。利用率的提高意味着减少施肥量，滴灌施肥与地面施肥相比，蔬菜节肥 25%～30%，果树节肥 25%以上，棉花等大田作物节肥 20%以上（夏敬源等，2007；吴勇，2011）。Constantinos 等（2010）利用^{15}N 标记的方法研究表明尿素氮和硝态氮作为滴灌施肥的氮肥具有相同的效果，氮素利用效率主要受施用剂量的影响，过量氮肥的施用将会

* 亩为非法定计量单位。1 亩≈667m^2。——编者注

影响作物对土壤氮的吸收，降低氮素利用率。但是邓兰生和张承林（2007）的研究却发现，尿素、硝酸铵、硝酸钙、硫酸铵作为滴施氮肥时氮肥利用率表现出一定的差异性，其中硝酸钙处理的氮肥利用率显著低于另外三种氮肥处理。

（3）减少环境污染

不合理施肥情况下，大量肥料没有被作物吸收利用而进入环境，造成环境污染。采用滴灌施肥技术是小范围局部控制，微量灌溉，水肥渗漏较少，可以减少土壤养分淋失，减少地下水污染（Khalil et al.，2007；李久生等，2008；温变英，2010）。提高灌溉施肥频率以持续保持根区在理想含水率下可以减少作物根区养分浓度的变化，从而提高作物对养分的吸收效率并减少养分淋失到根区以下（Silber et al.，2003）。同时，滴灌施肥技术由于减少了氮肥施用量并改进了肥水分配方式，在保持农作物产量的基础上减少了一氧化二氮（N_2O）的排放，与常规肥水管理方式相比，滴灌施肥区单位氮肥 N_2O 损失率明显降低，在蔬菜田上应用该技术单位产量排放量分别削减 53.2%和 58.9%（黄丽华等，2009）。但是此类研究尚不多见，关于滴灌施肥条件下 N_2O 排放规律与机制还有待进一步研究。

（4）其他应用效果

采用滴灌施肥技术还可以促进作物产量的提高和产品品质的改善（Martinez et al.，1991；Sundara，2011；杨学忠等，2011；康玉珍等，2011）。邓兰生等（2012）解决的结果表明，滴施液体肥料处理甜玉米的地上部生物量、株高、茎粗、叶长、叶宽等生长指标明显高于常规灌溉施肥处理；与常规灌溉施肥相比，滴施液体肥可明显提高甜玉米对氮、磷、钾的吸收量；滴施液体肥处理下，甜玉米的穗重、穗长、穗粗、百粒重、行粒数、产量、糖度分别比常规施肥处理高 15.1%、2.1%、8.5%、12.3%、6.8%、10.0%、11.7%。也有学者认为滴灌施肥技术可以提高氮肥利用效率，但对作物产量的提高不是很明显（Miller et al.，1981；Kwonget al.，1994）。同时滴灌施肥可以降低灌溉和施肥劳动强度，节省用工

(Breslar，1977；夏敬源等，2007)。另外，在温室内应用滴灌施肥技术控制了室内的空气湿度和土壤湿度，可以明显减少病虫害的发生，进而又可以减少农药的使用（夏敬源等，2007)。灌溉施肥还可以阻止盐分在地表的聚集，阻止其对根系和叶片的伤害（Kafkafi，2007)；还有利于增强土壤的微生物活性，促进作物对养分的吸收，改善土壤物理性质（杨学忠等，2011)。

2. 滴灌施肥机理研究进展

(1) 水分运移规律研究

滴灌后水分会在滴头周围的土壤内形成一个横向和纵向距离不同的近似截顶椭球体（Zur，1996；Haynes，1985；陈佰鸿等，2010)。行播作物中滴头距离较近，这些椭球体在滴灌带方向相连，形成湿润带（Haynes，1985；陈佰鸿等，2010；杨锦，2011)。滴灌后土壤水分分布均表现为地表湿润区以滴头为中心向四周扩散的特征，滴头下方土壤含水量最高，超过或接近田间持水量（Sampathkumar et al.，2012；李久生等，2005；吕谋超等，2008)。具体的水平和垂直湿润范围主要与土壤性质、灌水量、滴头流量和灌溉频率有关。灌溉初期水分运动受到基质势的作用较大，水平运移速度比垂直方向运移速度快，随着时间的推移土壤中的水量增加，垂直方向上水分重力势加强（张志刚等，2014；陈佰鸿等，2010)，湿润锋的入渗距离、比值、运移速率和水分入渗时间呈幂函数关系（张志刚等，2014；杨锦，2011)。滴头流量和灌水量相同时，在沙壤土中，湿润锋水平方向的运移速率比垂直方向上的要大，但是持续的运移时间没有垂直方向上的长（张志刚，2014)，水平方向湿润距离小于垂直方向湿润距离（Goldberg et al.，1971)。土壤质地越重，越容易在滴头附近形成饱和区；土壤质地越轻，灌水量增大时越容易造成水分的深层渗漏损失（李久生等，2003)。同一质地的土壤，相同滴头流量下，灌水量越大，湿润范围越大，垂直方向湿润距离的增加比水平方向明显（李久生等，2003)，灌水量降低后，滴头周围包括滴头下方的任何位置的土壤含水量都有所下降（Sampathkumar et al.，2012)。随滴头流量的增大，水平湿润距离增大，而垂直湿润距离减小（李久生等，2003）。Jury 和 Earl（1977）研究了单个滴头灌水频率对土壤水分的运动的影响，结果显示，在灌水量和滴头流量相同的条件下，灌水频率为 1 周时水分横向运动大于灌水频率为 1 天时；1 次长时间灌水比少量多次灌水滴头附近积水区面积更大；灌水频率为 1 天比灌水频率为 1 周更能促进作物对灌溉水的吸收。Wang 等（2006）应用测墒补灌法设置不同灌溉频率的大田滴灌试验结果显示，滴灌频率为 8 天的处理灌溉后湿润范围高于滴灌频率 4 天的处理，灌溉前的干燥范围也同样如此，灌溉频率过低有可能导致短暂的水分胁迫。在实际大田应用中，以 ETc 值比例确定滴灌制度的情况下，80%～100%ETc 的制度下土壤水分垂直方向上主要运移在 60cm 以上的根层土壤内（Sampathkumar et al.，2012；隋娟等，2014）。结合合理的滴灌带水平布局，可以实现真正的给作物浇水，这也是滴灌有利于提高水分利用效率的主要原因。

（2）氮素运移规律研究

滴灌施肥后，土壤氮素主要分布在滴头周围的湿润土体内，重力与毛管力之间的竞争控制着溶质（硝酸盐）的运移（Cote et al.，2003）。对于氮素在湿润土体内部的分布规律不同学者的研究结果有所不同。有的学者认为，滴灌施肥后硝态氮主要累积在滴头周围，距离越远硝态氮含量越低。吕谋超等（2008）通过室内土槽模拟实验发现滴灌施肥后土壤硝态氮含量表现随径向和垂直距离的增加逐渐减小；杨梦娇等（2013）在棉田模拟滴灌研究结果也显示，不同氮肥处理下，0～70cm 土层硝态氮含量逐渐下降，主要集中在 0～20cm 土层，且在 10cm 处最大，各施氮处理硝态氮含量在距滴头 10cm、20cm 和 30cm 处均有小幅下降，且在土壤湿润峰处未出现硝态氮累积现象。有的研究结果则相反，认为滴灌施肥后硝态氮主要在湿润土体边缘累积，湿润土体内部硝态氮浓度小于初始的硝态氮含量（李久生等，2003，2004；Bar et al.，1976）。铵态氮在灌水器附近出现浓度高峰，且铵态氮集中在灌水器周围10～15cm（李久生等，2003，2004）。氮素运移的水平和垂直距离主要取决于灌水量。隋娟等（2014）的大田试验结果发现，滴灌施肥条件下，硝态氮向下运移速度随灌水定额的增加而增大，高水高肥处理淋失风险较中水高肥、低水高肥处理大。而当灌水定额和灌水周期一致时，0～40cm土层硝态氮和铵态氮含量随施肥量的增加而增大（隋娟等，2014；李久生等，2003）。滴灌施肥灌溉系统运行方式会影响氮素在土壤中的分布特征，采用1/4W－1/2N－1/4W（先灌1/4时间的水，接着灌1/2时间的肥液，最后灌1/4时间的水）的滴灌施肥方案，氮素在土壤中分布最均匀，且不容易产生硝态氮淋失（李久生等，2003，2004）。肥料种类也直接影响着滴灌施入氮素在土层中的运移规律，Hajrasuliha等（1998）用^{15}N标记肥料，通过田间实验分析硝酸钾（KNO_3）和硫酸铵[$(NH_4)_2SO_4$]作为滴施肥料时土壤中氮素的分布，研究结果表明，当肥料为铵态氮时，氮素向下运动至150cm；而当肥料为硝态氮时，氮素向下运动至210～240cm，该处理下作物当季吸收利用的氮仅为施入氮的21%～23%。滴灌专用肥施入土壤后氮素的水平移动距离在各土层内的总量高于常规肥，表现出更强的横向移动性，而垂直方向上当灌溉水达到一定量时没有表聚现象发生，同时在滴头下方的氮素含量低于常规肥（尹飞虎等，2010）。滴灌施肥后水分和氮肥分布都具有很明显的特殊性，这些特殊性具体将如何影响氮素在农田生态系统中的循环还需要更深入的研究。

二、农田土壤硝态氮累积过程及其影响因素

如果NO_3^-－N在作物耕层以外累积就有淋失的风险。在华北平原典型轮作系统中，土壤水分深层渗漏和相应的NO_3^-－N淋溶主要发生在温度高且降水量大的夏玉米季，灌溉和降水是土壤水分深层渗漏和NO_3^-－N淋溶发生与否的决定因素。每年深层土壤水分渗漏量NO_3^-－N淋失量因降水年型不同而有差异，占肥料施用量的1.4%～20.3%（张玉铭，2005）。因此，土壤NO_3^-－N累积规律直接影响到作物对氮素的吸收、作物产量及地下水污染。

1. 农田土壤 NO_3^-－N 累积过程

在农田土壤中，施入的氮肥除植物吸收、微生物固定、矿化固定、挥发损失、硝化和反硝化损失、淋失损失外，其中还有一部分会以 NO_3^-－N 的形态残留在土壤中。李世清等（2000）的研究表明，当酰胺态或铵态氮肥施入旱地石灰性土壤 7～8d 后，绝大部分由于硝化作用转化为 NO_3^-－N。如果 NO_3^-－N 的量远远高于作物吸收的量，那么剩余的 NO_3^-－N 将会在土壤中累积残留，NO_3^-－N 在土壤中很少被吸附在土壤颗粒中，主要是以溶质的形式存在于土壤溶液中（陈效民等，2003）。在水分条件丰沛的地方，通过对流和扩散等途径，逐渐向深层移动，并脱离作物根区，直至进入到地下水中，污染水质，产生环境问题。

2. 农田土壤 NO_3^-－N 累积的影响因素

（1）土壤性质

NO_3^-－N 的迁移和累积是土壤类型和土壤剖面性质综合作用的结果（刘晓星，2012）。Black 等（1979）研究发现，土壤累积的 NO_3^-－N 会随土层深度的增加、土壤 pH 的降低、土壤有机质含量的降低、高岭石含量的增加以及铁铝氧化物含量的增加而增加。相同施肥处理下 NO_3^-－N 累积量以砂姜黑土最多，潮土次之，褐土最少（孙克刚，2001）。土壤水分和黏粒含量会影响 NO_3^-－N 在土壤中的垂直运移。在水分饱和条件下，NO_3^-－N 的垂直运移主要受土壤黏粒含量的影响，随着土壤黏粒含量的增加，NO_3^-－N 出流的时间推迟，运移的时间增长，穿透曲线变得平缓（陈效民等，2003）。

（2）灌溉和降水

NO_3^-－N 易溶解于土壤溶液中，在土壤水的条件下会产生运移，灌溉和降水都能通过影响土壤水分而进一步影响土壤 NO_3^-－N 的累积和淋失。

灌溉方式、灌溉量和灌溉次数都会影响不同土壤剖面 NO_3^-－N 的累积。从灌溉方式来看，滴灌施肥技术在滴灌的同时随水施肥，适量氮肥施用量条件下，滴灌施肥技术可以有效减轻土壤和地下水

的 NO_3^- -N 污染（隋方功等，2001；罗涛等，2010）。滴灌施肥与常规施肥管理方式相比，不同作物单位产量总氮流失（径流+淋失）量可以削减 14.5%～56.4%（黄丽华等，2008）。马腾飞等（2010）通过网室土柱模拟实验发现，滴灌各施肥处理硝酸盐主要积聚在 40～60cm 土层，而漫灌各施肥处理主要积聚在 60～80cm 土层。

但是，如果滴灌量过高则滴灌施肥条件下也存在 NO_3^- -N 淋失的风险。在高水和超高水处理下，随灌水时间的增大，溶液向土壤深层运移，湿润峰在重力作用下不断向下运移，从而导致 NO_3^- -N 也逐渐向深层积累，最终淋洗到 70cm 以下土层。在低水和常规灌水处理下，0～70cm 土层 NO_3^- -N 含量逐渐下降，NO_3^- -N 主要集中在 0～30cm 土层，10cm 处最大（杨梦娇等，2007）。在漫灌条件下，灌水量也是影响土壤 NO_3^- -N 累积的主要因素之一。李晓欣等（2005）通过长期定位试验发现，灌溉量影响了土壤剖面 NO_3^- -N 的分布，高灌水量使得 0～400cm 土壤剖面中的分布没有明显差异，各土层 NO_3^- -N 的含量均低于 15mg kg^{-1}，残留在土壤中的 NO_3^- -N 应该是随水进入了更深层；中等程度灌溉水平下，4m 土层中 NO_3^- -N 分布没有明显的累积层，在 120～350cm 深度存在几个连续的小累积峰；低灌溉量使得土壤 NO_3^- -N 大量累积在 0～260cm 土层。同时，随灌水次数增加，土壤 NO_3^- -N 累积量会降低，而且在高灌水条件下土壤 NO_3^- -N 累积量的降低幅度比低灌水量时大（叶优良等，2004）。

降水强度是影响土壤 NO_3^- -N 在土壤中运移、累积和淋溶的主要因素（赵亮等，2013），各层次土壤 NO_3^- -N 浓度随降水强度的增加而增大。冯绍元等（2010）的试验研究结果显示，当降水强度达到 40～70mm h^{-1} 时，夏玉米农田中的 NO_3^- -N 会淋溶到土壤剖面 110cm 以下。在农田休闲期，降水更是土壤残留 NO_3^- -N 淋失的主要影响因素（于红梅，2005；彭琳等，1981），由于土壤溶液中 NO_3^- -N 逐渐稀释扩散，呈梯度逐步向下延伸的原因，土壤中 NO_3^- -N 下移距离往往小于土壤水分下渗深度，每 2～3mm 降

水量可使土壤中 NO_3^- －N 下移动 1cm 左右的距离（彭琳等，1981）。

(3) 施肥

施肥量、施肥种类和施肥方式都是影响土壤剖面 NO_3^- －N 累积的主要因素。当施氮量高于作物最高产量所需的氮量时就会导致农田土壤 NO_3^- －N 的大量累积（Journel，1978；Halvorson et al.，1994；Porter et al.，1996；Raun et al.，1995；Westerman et al.，1994）。在春小麦大田中，随着施氮量的增加，0～90cm 土层和 90～180cm 土层的 NO_3^- －N 累积量均呈显著增加趋势（王激清等，2011）。孙占祥等（2011）在辽宁省玉米大田的试验表明，施氮量大于 200kg ha^{-1}时会显著增加土壤 NO_3^- －N 的累积量，增加淋溶的可能性。在滴灌施肥条件下，过量施氮同样会增加 NO_3^- －N 淋失的风险。张学军等（2007b）研究了滴灌施肥条件下不同施氮处理在不同层次土壤溶液中 NO_3^- －N 累积量的变化规律，低氮处理各层次呈递减趋势，中氮处理呈先增后减的趋势，积累高峰值在 15～30cm 层次，高氮处理呈逐渐递增趋势，主要积累在 90cm 层次左右，高氮处理具有较大的 NO_3^- －N 淋失风险。该试验还发现，连续 4 茬种植蔬菜，在滴灌条件下，当季施氮量过高会增加当季蔬菜收获后土壤表层 NO_3^- －N 累积量，随着蔬菜继续种植，表层NO_3^- －N累积在第 3 茬蔬菜收获后有向下（90～120cm 土层）淋失的趋势。叶灵等（2010）通过在河北大棚和大田土样样品采集以及施氮量调研分析后发现，大棚蔬菜氮素投入量为大田的 3.3 倍，超过保护地蔬菜最佳施氮量，大棚蔬菜 0～100cm、100～200cm、200～300cm 和 300～400cm 土层 NO_3^- －N 累积量平均为 815.0kg ha^{-1}、293.6kg ha^{-1}、394.9kg ha^{-1}和 313.4kg ha^{-1}，为小麦-玉米轮作农田的 12.3、3.8、4.6 和 5.1 倍，且随着棚龄的增加，土壤剖面的 NO_3^- －N 累积量也增加，土壤 NO_3^- －N 存在较高的淋溶风险。这说明，农田土壤中 NO_3^- －N 含量会随着氮肥用量的增加而增加，并且随着种植年限的增加逐渐累加。

不同的肥料种类对土壤 NO_3^- －N 累积规律的影响也很明显。

叶优良等（2004）研究了春小麦-春玉米间作下，连续14年施用不同肥料后的土壤 NO_3^-－N 累积规律，结果显示施用化学氮肥处理 0～180cm 土层 NO_3^-－N 累积量比施用农肥和绿肥高两倍以上。有机肥和氮肥、磷肥和/或钾肥（MNP 和 MNPK）混施可以显著降低 NO_3^-－N 的累积量（Yang et al.，2006）。但是也有学者得出了相反的结论。袁新民等（2000）研究发现，有机肥与化肥配施会使得 100～200cm 土层 NO_3^-－N 的积累量比单施化肥提高近1倍。施用缓控释肥可以提高氮肥利用率，减少土壤中 NO_3^-－N 残留（胡伟等，2011）。施入的化肥氮中 NO_3^-－N 和铵态氮的比例同样会影响土壤 NO_3^-－N 累积（McCall et al.，1998；Demsar et al.，2003）。很多研究者发现氮肥和磷肥配施可以减少土壤 NO_3^-－N 累积。樊军等（2000）研究发现，单施 180kg N ha^{-1} 氮肥 15 年后，导致 100～180cm 土层 NO_3^-－N 的严重积累，积累量达到 601kg ha^{-1}，但配施 P_2O_5 90kg ha^{-1} 和 180kg ha^{-1} 后，相应土层中 NO_3^-－N 积累量降低了分别降低了 58%和 77%。Benbi 等（1991）发现，氮磷钾平衡施肥的土壤 NO_3^-－N 累积量低于单施 N 或 N、P 混施。也有研究得出了相反的结果，在全部使用化学肥料的情况下，氮肥、磷肥或氮肥、磷肥、钾肥混施后土壤 NO_3^-－N 累积量反而大大高于单施氮肥，但是加施有机肥后可以减少氮肥、磷肥和氮肥、磷肥、钾肥混施处理的各个层次土壤 NO_3^-－N 累积量，0～180cm 土层总的 NO_3^-－N 累积量分别可以减少 62.1%和 77.6%（Yang et al.，2006）。施肥的次数和时间对土壤 NO_3^-－N 累积和淋失影响都很大（Dinnes et al.，2002；Bellido et al. 2005，2012）。

（4）其他农田管理措施

耕作措施和豆科作物间作也是能影响土壤作物系统氮素动力学的两种管理措施（Luis et al.，2013）。免耕或少耕作为一种耕作方式能影响农田土壤的 NO_3^-－N 累积。Smith 等（1985）的研究显示免耕土壤由于受到扰动的次数少，土壤孔隙有利于 NO_3^-－N 的淋溶，而且免耕大田水分蒸发更少，不利于土壤深层 NO_3^-－N 向上运移。而王激清等（2011）的试验研究发现，免耕措施有助于保

持 NO_3^- -N 在 0～90cm 土层累积，减少向下淋失进入地下水，从而产生环境污染的可能。

栽培模式同样会影响土壤 NO_3^- -N 累积规律。间作是一种提高肥料利用效率的有效方式，特别是豆科作物与非豆科作物间作。很多研究结果均表明间作条件下土壤 NO_3^- -N 累积量比单作更低。蚕豆和豌豆等豆科作物与小麦、燕麦、黑麦等麦类作物间作收获后 0～90cm 土层残留的 NO_3^- -N 累积量低于单作（Stuelpnagel et al.，1992；Karpenstein and Stuelpnagel，2000），蚕豆、豌豆等豆科作物与玉米间作后 0～180cm 土壤 NO_3^- -N 累积量也低于单作（叶优良等，2008；Li et al.，2005）。还有研究表明，小麦或黑麦与玉米间作同样能减少土壤 NO_3^- -N 累积（Li et al.，2005；Whitmore et al.，2007）。但是在过量施肥的情况下，上述结果就不一定，叶优良等（2008）对小麦-玉米和蚕豆-玉米两种间作方式下土壤 NO_3^- -N 累积量的研究表明，当施入 300kg ha^{-1} 氮肥时，所有的间作土壤 NO_3^- -N 累积量都低于单作，而在施氮量升高为 450kg ha^{-1} 时则未出现该效果。在小麦-玉米轮作，一年一熟的种植模式下，种植冬季覆盖作物可以减少累积在土壤中的 NO_3^- -N 在下一季作物的生长初期进一步淋失至地下水（Gabriela et al.，2012）。

也有很多学者研究综合优化管理模式对农田土壤 NO_3^- -N 累积的影响。姜慧敏等（2009）的试验研究发现，55％施氮量＋秸秆还田＋滴灌模式能够显著降低番茄生育期的氮素表观损失，明显减少拉秧期土体 30cm 以下 NO_3^- -N 的积累。曹雯梅等（2013）研究较低密度＋施氮量适当降低及施用时期后移、增加基追比、提高磷钾配比的优化施肥技术＋减少灌水次数及不浇蒙头水等优化灌水方案的优化管理模式对土壤 NO_3^- -N 累积和淋失的影响，发现优化管理模式 NO_3^- -N 累积峰出现的土层更浅（30～60cm 土层），峰值更低，在较深的 120～150cm 土层 NO_3^- -N 累积量更少，较传统高产管理模式下降了 32.2％，能够减少 NO_3^- -N 淋失风险。

三、农田 N_2O 产生机制及其影响因素

1. 农田 N_2O 产生的主要机制

N_2O 在大气化学中起着重要的作用，能吸收地表发射的长波辐射使地表的温度得以维持，产生温室效应，而且与 CO_2 的全球增温潜势（GWP）相比，相同数量的 N_2O 增温潜势约为 CO_2 的 296 倍（IPCC，2007），同时 N_2O 还能毁坏平流层中的臭氧层，对人类生存环境产生重大影响（Bronson et al.，1992）。N_2O 在大气中的浓度以每年 0.2%～0.3%的速度增加，预计到 2050 年其浓度将从目前的 3.12×10^{-4} mL L^{-1} 增加到 3.5×10^{-4}～4.0×10^{-4} mL L^{-1}（王明星等，2000）。Stehfest 和 Bouwman（2006）基于全球农田土壤 1 008 个 N_2O 排放数据分析指出，施肥农田土壤每年释放的 N_2O - N 量达到 3.3Tg。NH_3 和 N_2O 排放被认为是农田系统氮损失的主要途径之一（Peoples et al.，1995），特别是灌溉农田系统（Freney，1997）。全球有半数以上的 N_2O 来自土壤的硝化和反硝化过程（李长生，2003），农田土壤是 N_2O 重要排放源，全球有 60%的 N_2O 排放来自农田土壤（Eduardo et al.，2013）。1990—2005 年，农田土壤 N_2O 排放增加了 17%，预计到 2030 年将增加 35%～60%（Smith et al.，2007）。N_2O 是硝化反应的重要副产物和反硝化反应的中间产物（Firestone et al.，1989）。1987 年，美国土壤学会建议把硝化作用定义为：微生物把铵氧化为亚硝酸盐和硝酸盐，或微生物引起的氮的氧化态的增加（朱兆良等，2010），具体反应过程见图 1 - 1。土壤中反硝化作用可分为生物反硝化作用和化学反硝化作用，其中生物反硝化是主要的。农田土壤中，由化学反硝化引起的肥料氮素损失的意义不大（朱兆良等，2010）。生物反硝化作用是在厌氧条件下，由兼性好氧的异养微生物利用同一呼吸电子传递系统，以 NO_3^- 作为电子受体，将其逐步还原成 N_2 的硝酸盐异化过程（朱兆良等，2010），具体反应过程见图 1 - 1。土壤温度、湿度、pH、施肥、耕作等环境因素和农田管理措施强烈影响着硝化和反硝化过程及 N_2O 的生成和排放（Barnard,

2005)。同时，N_2O 的排放量还受硝化、反硝化过程中相关微生物的数量及其酶活性的变化的影响（保琼莉等，2001；黄耀，2003）。总结我国已有的试验结果，化肥氮的硝化—反硝化损失量占施用量的比例，水田约为 33%～41%，旱地约为 13%～29%。有机肥料氮的损失量约占使用量的 10%（朱兆良等，2010）。

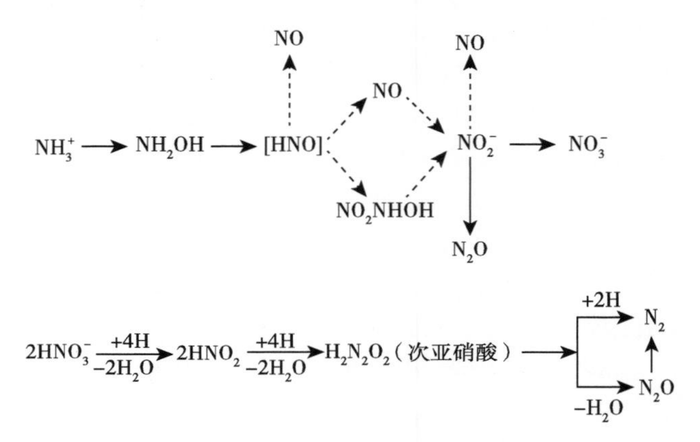

图 1-1　土壤硝化和反硝化过程示意图

资料来源：Robertson & Groffman，2007。

2. 温度对 N_2O 排放的影响

温度是影响 N_2O 排放的重要因素（Smith et al.，1998），主要是通过制约土壤的产甲烷菌、硝化菌和反硝化菌的活性，从而影响土壤 N_2O 的生成与释放。土壤微生物的活性和 N_2O 的排放速率在一定温度范围内通常随土壤温度升高而增加。大部分的研究结果都显示，15～35℃是硝化作用微生物活动的适宜温度范围，其中最适范围为 25～35℃，＜5℃或＞40℃都会抑制硝化反应发生；而反硝化微生物要求的适宜温度为 5～75℃，最适范围为 30～67℃（Granli et al.，1994；郑循华等，1997）。低温显著降低土壤的硝化反应速率，但不会明显减弱反硝化反应速率（Malhi et al.，1990）。较低温度下反硝化速率虽然很低，但即使在 0～5℃仍能发生少量反硝化作用，且伴有一定量的 N_2O 产生（Knowles，

1982)。也有学者发现，温度升高并不会对田间土壤 N_2O 排放产生大的直接影响（Barnard et al.，2005）。但是当土壤水分或底物不是限制因子时，温度升高能极大地促进土壤 N_2O 的排放（Dobbie et al.，2001）。在全球气候变暖的大背景下，研究温度升高对农田土壤 N_2O 排放的影响意义重大（蔡延江等，2012）。

3. 水分和灌溉方式对 N_2O 排放的影响

土壤含水量通过影响土壤的通气性、氧化还原电位、土壤有效氮分布及其对微生物的有效性等，从而对土壤硝化、反硝化以及 N_2O 排放产生影响，同时还影响到土壤中 N_2O 从产生部位向大气中的扩散（Galbally，1989）。土壤水分的增加会导致土壤通气性变差，氧气含量减少，从而促进反硝化作用，减弱硝化作用（李香兰等，2009）。水分含量为田间持水量的土壤在多数情况下其 N_2O 排放速率高于水分含量更高的土壤（严晓元等，2000；白红英等，2003a）。Granli 和 Bockman（1994）指出，在 70%～90%土壤孔隙含水量（Water - Filled Pore Space，简称 WFPS）时 N_2O 排放主要是由反硝化过程产生的，30%～70%WFPS 时则主要由硝化过程产生，最适宜 N_2O 排放的 WFPS 范围为 60%～80%（Davidson et al.，1991）。别的研究者也发现 N_2O 的最大排放速率往往在 WFPS 为 45%～75%时出现（Klemedtsson et al. 1993；Granli et al.，1994），这种含水量大致相当于田间持水量（Granli et al.，1994）。当土壤含水量低于饱和含水量时，硝化作用产生的 N_2O 占总产生量的 61%～98%，N_2O 的排放量随土壤水分的增加而增加，硝化作用是最基本来源（齐玉春等，1999）。在土壤的干湿交替条件下，硝化作用和反硝化作用也相应地交替着成为 N_2O 的主要来源，增加土壤 N_2O 排放，同时还能抑制反硝化过程中的深度还原，使得 N_2O 的产生量增大（封克等，1995）。

降水和灌溉均会直接改变土壤含水量，从而影响 N_2O 的产生与排放。当土壤底物浓度不是限制因子时，降水通常能促进土壤 N_2O 的大量排放（Dobbie et al.，2003），土壤 N_2O 排放会随着降水或灌溉后土壤含水量的增加而增大（Yamulki et al.，1995）。第一次水分增加时，土壤微生物会发生“激发效应”，增强硝化和反硝化作用，因此当土壤比较干燥时，降水或灌溉能同时促进土壤 N_2O 和 NO 的排放。但是当降水或灌溉水过多导致土壤含水量增大到较高水平时，反硝化作用虽然进一步被加强，同时由于土壤通气性变差，生成的 N_2O 更多地被进一步还原为 N_2（蔡延江等，2012）。

不同灌溉方式会对土壤 N_2O 排放产生不同的影响。利用化肥进行地表滴灌施肥和利用有机肥进行滴灌施肥与相应肥料种类下的漫灌措施相比，可以分别减少 75%和 28%的 N_2O 排放（Laura et al.,2010）。Taryn 等（2013）在加利福尼亚州露地番茄的研究结果也表明，与漫灌相比，滴灌减少了 70%的 N_2O 排放。地下滴灌方式比常规漫灌方式可以减少 30%～75%的 N_2O 排放（Kallenbach et al.，2010；Sánchez et al.，2008，2010）。Suddick 等（2011）在加利福尼亚州南部扁桃仁果园的研究发现，一次滴灌施肥事件后，地下滴灌施肥比地表滴灌施肥能够减少 7.5%的 N_2O 排放。也有很多学者研究滴灌与覆膜、少耕等管理措施综合应用后的 N_2O 减排效果。李志国等（2012）在西北干旱区棉田的研究发现，膜下滴灌条件下 2009 年和 2010 年土壤 N_2O 释放通量分别为 57mg m^{-2} 和 259mg m^{-2}，显著低于常规漫灌条件下 99.3mg m^{-2} 和 320mg m^{-2} 的年释放通量。试验期内滴灌施肥＋少耕的综合管理方式和漫灌＋根侧施肥的常规管理方式排放的 N_2O 总量分别为（0.58±0.06）kg $N_2O-N\ ha^{-1}$ 和（2.01±0.19）kg $N_2O-N\ ha^{-1}$，减少了 71%（Cynthia et al.，2010）。Taryn 等（2013）认为滴灌比漫灌减少 N_2O 排放主要是由于滴灌灌溉量低于漫灌，滴灌后土壤湿润模式与漫灌不同，反硝化反应导致的 N_2O 排放在滴灌和漫灌模式下分别为 4.96kg $N_2O-N\ ha^{-1}$ 和 11.44kg $N_2O-N\ ha^{-1}$，在滴灌条件下，硝化反应是 N_2O 的主要来源，而漫灌条件下 N_2O 则主要来源于反硝化反应。

4. 氮肥和施肥方式对 N_2O 排放的影响

氮肥用量、类型会影响土壤 N_2O 排放。研究表明 N_2O 排放随着施氮肥量的增加而增加，呈明显的线性关系（李楠和陈冠雄，1993；Dobbie et al.，1996；侯爱新等，1998；王立刚等，2008；李虎等，2012）。N_2O 受肥料类型的影响很大（张玉铭等，2004；王立刚等，2008），施用长效碳酸氢铵、长效尿素与普通碳酸氢铵、尿素相比能显著减少 27%～88%的 N_2O 排放（梁巍等，2004）。Hadi 等（2008）的研究发现，施用包膜肥料与尿素相比可降低 N_2O 排放量的 92%。关于有机肥对 N_2O 排放影响的研究成果有相反的两类。一类研究认为，有机肥中可分解的有机碳更多，提高了土壤的还原性，使 NH_4^+ 被硝化氧化成 NO_3^- 后，继续被反硝化还原成 N_2，排放的 N_2O 主要产生于硝化作用阶段。而纯化肥处理，硝化、反硝化两个过程都促进了 N_2O 排放，所以有机肥处理与化肥处理相比可以减少 N_2O 排放（郑循华等，1997；Dick et al.，2008）。另一类研究的试验结果显示，相同施肥量时，有机肥处理 N_2O 排放大于化肥处理（曾江海等，1995；Hayakawa et al.，2009）。还有研究指出，化肥配合有机肥施用会促进土壤 N_2O 排放（董玉红等，2007）。对于秸秆还田对 N_2O 排放的影响也同样众说纷纭。一种观点是，秸秆还田提高了土壤的碳氮比，引起微生物对氮源的充分利用，可以减少 N_2O 的排放（Zou et al.，2004；董玉红等，2007）。另外一种观点则认为，秸秆的施入为反硝化微生物提供了充足的能源物质和微域厌氧环境，利于反硝化过程的进行，进而促进 N_2O 的生成与排放（Beare et al.，2002）。在肥料中加入不同的抑制剂也是近年来研究的重点，脲酶抑制剂与硝化抑制剂适宜组合，可有效减少 N_2O 排放（Xu et al.，2002），其抑制效果受土壤含水量的影响，土壤含水量低时抑制效果明显，含水量高时则抑制效果不明显（Menendez et al.，2009）。

施肥方式、施肥时间和施肥位置也对土壤 N_2O 排放有影响。滴灌施肥技术提高了作物对氮肥的吸收利用率，减少了土壤氮残留，降低了土壤硝化和反硝化作用需要的氮源，从而可以降低土壤 N_2O 排放量（钟文辉等，2008）。当施肥时间与作物对养分需求的时间同步时，作物对肥料氮的吸收利用效率将有所提高，因此分批、分期施肥与单次施肥相比，可以降低土壤 N_2O 排放量（Bouwman et al.，2002；董玉红等，2007）。徐文彬等（2001）采用 DNDC 模型定量研究氮肥施用量及施肥时期对旱田生态系统 N_2O 排放的潜在影响，研究表明随氮肥施用量的增加，N_2O 排放通量呈加速增长；对玉米、油菜、大豆和冬小麦田，一次性基肥施肥与一次性追肥施肥相比，N_2O 释放量分别增长 71%、30%、2%和 17%。另外，膜下滴灌施肥能促进土壤 N_2O 减排，除了滴灌施肥本身的减排效果外，还与土壤表面的地膜阻隔作用有关。土壤表面被地膜覆盖后，在一定程度上可以阻隔或减缓土壤气体 N_2O 向大气的扩散和释放，并使滞留在土壤中的 N_2O 有机会进一步转化为 N_2（李志国等，2012）。用土作物覆盖物同样能达到一定程度的 N_2O 减排效果，尿素表施条件下 N_2O 排放量占施氮量的 1.94%，而穴施仅为施氮量的 1.67%，能减排 14%，撒施后翻耕和条施后覆土也能有效抑制 N_2O 排放损失（李鑫等，2008）。

5. 土壤性状对 N_2O 排放的影响

土壤质地通过影响土壤的通透性、氧化还原电位、有机质的分解速率，进而影响土壤硝化作用和反硝化作用的强度及 N_2O 在土壤中的扩散速率。研究土壤质地对农田旱作土壤 N_2O 排放通量影响的相关研究很少，研究结果也各不相同。Rochette 等（2008）认为，轻质地土壤有较低的孔隙率和较大的氧气扩散阻力而具有较低的氧化还原电位，因此具有更高的 N_2O 产生潜力。而焦燕和黄耀（2003）则认为重质地旱作土壤具有较强的保水能力，N_2O 排放强度高于轻质地土壤。朱兆良等（2010）认为壤质土壤的通气和透水性好，自氧型硝化菌为好气微生物，因此会促进硝化作用。沙质土壤虽然通气和渗水性好，但由于不易保持铵而导致硝化作用的基质缺乏，硝化速率较低。土壤质地还会影响氮肥施用后对 N_2O 排放的影响。Mosier 等（1999）报道，在砂质土壤中施用少量氮肥不会明显增加 N_2O 排放通量，但在黏质土壤中则会显著增加。也有学者的研究成果显示，黏土 N_2O 排放的增加是由于黏质土壤的温度系数 Q10 大于沙质土壤，所以促进了反硝化作用（Smith et al.，

1998)。

一般认为，翻耕对土壤的扰动促进了郁闭于土壤内的 N_2O 的释放，免耕减少了对土壤的扰动，被认为是减少 N_2O 排放的有效措施。而有的研究则认为免耕土壤含有较多的水分和较小的总孔隙度，降低了土壤中氧气的浓度，可能会增加反硝化引起的 N_2O 的排放（封克等，1995；Ball et al.，1999）。

土壤 pH 主要通过影响硝化和反硝化微生物的活性及相应的氮素转化过程来影响 N_2O 的释放。Stevens 等（1998）研究发现，pH 降低对反硝化速率影响较小，但能显著增加 N_2O 的排放。当 pH 为 3.4～8.6 时，N_2O 排放与土壤的 pH 呈正相关关系（陈文新，1989）。Bremner 和 Blackmer（1978）在美国的研究同样发现，pH 升高会促进 N_2O 排放，pH 为 7.8 的土壤的 N_2O 排放量比 pH 为 6.6 和 5.4 的土壤高 3 倍。

6. 作物对 N_2O 排放的影响

作物类型也能影响农田 N_2O 排放。陈书涛等（2007）研究发现，土壤-玉米系统、土壤-大豆系统和土壤-水稻系统的 N_2O 季节性平均排放通量分别为 620.5μg m^{-2} h^{-1}、338.0μg m^{-2} h^{-1} 和 238.8μg m^{-2} h^{-1}，差异显著，玉米地土壤和裸地土壤的 N_2O 平均排放通量分别为 364.2μg m^{-2} h^{-1} 和 163.7μg m^{-2} h^{-1}。其原因可能是作物根系活动对土壤硝化和反硝化微生物的活动产生了影响，改变了微生物活动的土壤生态环境（邹国元等，2002；史刚荣，2004；王大力等，2000），进而影响土壤 N_2O 的排放。丁琦等（2007）采用原状土室内培养实验研究也发现，受作物根系的激发作用，麦田土壤 N_2O 排放通量比休耕地土壤更高。从孕穗期到成熟期随小麦根系活力和重量的下降，根系的激发效应减小，N_2O 的排放量也逐渐下降，作物根系重量和活性都影响了土壤 N_2O 的排放。大豆的共生固氮作用影响了土壤呼吸，其衰老期的根系腐烂加剧了土壤 N_2O 排放，另外作物能够通过某种方式将土壤中产生的 N_2O 输送到大气中，进而影响土壤 N_2O 排放（闫静静，2011）。

四、滴灌施肥模型模拟研究

1. 滴灌施肥模型模拟研究

对于滴灌施肥的模型模拟研究主要集中在滴灌后水盐运移规律和灌溉工程设计的数值模拟研究上。经典的研究方法是通过 Richards 方程建立滴灌条件下土壤水分运动模型来研究土壤水分运移距离随时间变化规律（李光永等，1997）。很多学者都应用 Hydrus 软件辅助进行模拟研究。张林等（2010）通过 Hydrus 软件对 Richard 数学模型进行求解，模拟了沙壤土中多点源滴灌条件下的土壤水分入渗过程，模拟的入渗过程遵循点源入渗、湿润区交汇和最终形成湿润带的演变规律，与实测的入渗过程基本吻合。李久生（2005）等也采用 Hydrus 软件进行了模拟，模拟了滴灌条件下壤土与砂土中，不同灌水器流量、灌水量与肥料浓度的水分与 NO_3^- - N 分布，模拟结果与实验值吻合也良好。王伟等（2009）利用 Hydrus 软件对棉花苗期咸水滴灌水盐运移数学模型进行求解，并由田间实测数据对模拟结果进行了验证，结果同样显示 Hydrus 对于水分与盐分运移的模拟精度可以满足滴灌系统设计与运行参数选取的要求。

还有学者以半椭球体模型建立土壤点源入渗湿润体与滴头流量的关系（雷廷武，1994）。另外还有一些采用统计学方法得出的纯经验模型（孙海燕等，2004）。近年来，有学者基于滴灌条件下土壤水分运移的观测数据，建立滴头流量与水分水平运移距离的传递函数模型，利用粒子群优化（PSO）算法对模型的各个参数进行辨识与优化（李光霞等，2010；孙海燕等，2013）。马孝义等（2006）在建立了重力式地下滴灌条件下土壤水分运动数学模型后，用 Galerkin 有限元法推导了土壤水分运动有限元方程，并通过试验进行了验证，进而模拟分析了滴灌管道埋深、出水孔孔径、供水压力对简易重力式地下滴灌在中壤土中的土壤湿润特征和滴孔出水量的影响。张凤华等（2013）利用 SWAGMAN - Destiny 数值模拟的方法对干旱区新疆玛纳斯河流域典型灌区大面积膜下滴灌条件下的水盐运移进行模拟与验证。

另外由于滴灌施肥制度直接影响到该措施的应用效果，且较为复杂，因此也有学者应用模型来优化滴灌施肥制度。Moreira 等（2012）利用 DSS－FS 模型来优化压力灌溉施肥制度，DSS－FS 软件包括数据库、模拟模型和友好的操作界面，主要由管理系统、灌溉系统和水肥一体化三个主要模块组成。

但是很少有人利用过程模型模拟滴灌施肥措施下的农田生态系统的碳氮循环过程。黄丽华等（2009）通过田间静态箱监测和 DNDC 模型模拟的方法，在崇明岛东滩蔬菜田进行了常规肥水管理和精确滴灌施肥管理条件下的 N_2O 的排放对比研究，从排放特征、全年排放通量、单位氮肥 N_2O 损失率以及单位作物产量排放量等方面分析了不同肥水管理方式对旱田土壤 N_2O 排放的影响。但是文中仅用西瓜种植期内 9 次 N_2O 通量观测结果进行模型验证，而非全年观测数据进行验证。

2. DNDC 模型模拟研究

科学的农田管理措施是保障作物产量和减少农田温室气体排放的根本。在不同的气象、土壤及农田管理条件下，定量估算生物量或产量及温室气体排放是深入这一研究领域的基础。作物产量和温室气体排放受农田生态系统碳氮循环复杂过程的综合影响。应用过程或机理的生物地球化学模型描述和预测农田生态系统碳氮循环过程，定量研究作物产量及温室气体排放的时空动态已成为必然趋势（邱建军等，2012）。

DNDC（Denitrification and Decomposition）模型（Li，2000；Li et al.，1992a，1992b，1996）是反映农业生态系统碳氮生物地球化学循环过程的机理模型。DNDC 模型包括两部分六个子模型。土壤气候、植物生长和有机质分解三个子模型属于第一部分，这一部分子模型根据用户输入的逐日气象数据、土壤性状数据、作物参数、轮作模式和管理措施数据模拟整个植物-土壤系统中各环境因子的动态变化和植物生长情况；硝化、反硝化和发酵三个子模型属于第二部分，这一部分根据植物-土壤系统中温度、水分、有机氮含量等环境因子来计算硝化、反硝化和发酵这三个生化反应的速率，进而估算含碳和含氮气体的排放。

DNDC模型的主要优点和特色主要表现在四个方面。一是全面而强大的模拟功能。DNDC模型通过对作物生长、土壤气候、有机质分解、硝化和反硝化、发酵等过程的逐日模拟，描述了碳氮循环过程，可以输出包括作物生长、土壤环境等各方面的结果。二是独特的温室气体排放模拟。模型从生物地球化学机理上模拟了不同管理措施下氮氧化物的释放过程，为模拟预测农业生态系统温室气体的排放和筛选各种减排措施提供了可能。三是输入参数相对简单易得。利用常规土壤、气候和农事活动作为输入参数比较容易获得。四是友好的工作界面。该模型采用C++编写，输入输出界面友好，方便学习和使用（邱建军等，2012）。DNDC模型目前被世界各国用作农田温室气体模拟研究，受到美国农业部推荐使用，在国内外已经得到了广泛的应用和验证（Beheydt et al.，2007；Li C. et al.，1992a，1992b，2002，2003，2005；Qiu et al.，2009；Li H. et al.，2010）。

五、存在的问题和今后的发展趋势

1. 缺乏在粮食大田上应用滴灌施肥技术综合效果的研究

滴灌施肥措施对作物产量、水肥利用效率、土壤NO_3^--N累积、土壤N_2O排放等方面均有很大的影响。现阶段滴灌施肥技术的应用研究主要集中在经济作物、保护地耕作和干旱区大田上。随着半干旱半湿润区粮食生产与水资源短缺、环境污染矛盾的日益严峻，滴灌施肥技术在粮食大田应用的增产、节水、节肥、减排等综合应用效果的研究，有利于滴灌施肥技术在粮食大田上的推广应用。

2. 缺乏在大田应用滴灌施肥技术后水氮运移规律及对水氮利用效率的综合研究

目前对滴灌施肥后的水氮运移规律的研究主要以在试验室模拟研究为主，部分研究者在大田原味土上进行模拟滴灌施肥研究，而缺乏对在大田上整个作物轮作周期综合水氮运移规律与水氮利用效率的试验研究。

3. 适用于华北平原粮食大田的滴灌施肥制度不明确

近年来已有部分学者将滴灌施肥研究转移到华北地区，但目前适用于华北平原粮食大田的滴灌量确定方法与原则、滴灌施肥条件下的合理施氮量、滴灌施肥时间和次数等滴灌施肥制度尚不明确。

4. 利用过程机理模型研究滴灌施肥条件下的农田生态系统碳氮循环过程成为必然趋势

滴灌施肥是一项能影响土壤作物碳氮循环系统众多环节的水肥一体化农田管理技术，对于滴灌施肥的模型模拟研究主要集中在滴灌后水盐运移规律和灌溉工程设计的数值模拟研究上。应用过程或机理的生物地球化学模型描述和预测滴灌施肥条件下农田生态系统碳氮循环过程，定量研究作物产量、土壤 NO_3^- －N 累积及温室气体排放的时空动态已成为必然趋势。

第三节 研究框架和方法

一、研究框架

本书主要通过田间试验研究在华北平原典型农田应用滴灌施肥技术的产量效益和环境效应，研究滴灌施肥条件下的土壤水氮运移规律、N_2O 排放规律、作物生长及产量，并利用田间实测数据校正并验证 DNDC 水肥一体化模块，应用本地化后的 DNDC 模型从产量和环境效应两个方面综合调优华北平原冬小麦-夏玉米农田滴灌施肥制度。全书共分六个部分。

第一部分，导论。主要包括本书的研究背景、国内外研究现状、研究框架与方法等。

第二部分，滴灌施肥条件下不同灌溉量对农田土壤中水氮运移及水分利用的影响。田间试验设置不同滴灌量处理，测定不同处理滴灌施肥后滴头下方、湿润土体边缘和干燥区不同土层的水分和硝态氮分布特征，研究不同滴灌量处理中滴灌施肥后农田土壤水氮运移规律，对比滴灌处理和常规漫灌处理的土壤水分变化规律，分析滴灌量和灌溉方式对冬小麦-夏玉米农田水分利用效率的影响。

第三部分，滴灌施肥条件下不同施氮量对农田土壤 NO_3^- －N 运移、累积及氮素利用与平衡的影响。田间试验设置不同施氮量处理，测定不同处理滴灌施肥后滴头下方、湿润土体边缘和干燥区不同土层的 NO_3^- －N 分布特征和冬小麦、夏玉米收获后的土壤 NO_3^- －N 累积特征，研究不同施氮量处理中滴灌施肥后农田土壤 NO_3^- －N 运移和累积规律，对比滴灌施肥处理和常规漫灌撒肥处理的土壤 NO_3^- －N 变化规律，分析施氮量和施肥方式对冬小麦-夏玉米农田氮素利用效率的影响，并对冬小麦-夏玉米体系的氮素平衡进行表观评估分析。

第四部分，滴灌施肥条件下不同施氮量对农田土壤 N_2O 排放的影响。利用静态箱-气相色谱法原位监测不同滴灌施氮量处理下冬小麦-夏玉米农田土壤 N_2O 排放的季节动态规律和排放通量，并定量评价不同滴灌施氮量对供试农田土壤 N_2O 排放的影响。同时监测气候要素（降水、温度等）、土壤理化特性（土壤湿度、温度、养分含量等）等环境因子的变化，并综合分析 N_2O 排放与相关环境因子的关系。

第五部分，DNDC 模型水肥一体化模块校正与验证及华北平原冬小麦-夏玉米农田滴灌施肥技术模拟优化。应用田间观测所采集的数据，结合滴灌施肥的特征，校正并验证 DNDC 模型的水肥一体化模块，使其能够更好地在华北平原模拟不同滴灌施肥措施对 N_2O 排放、NO_3^- －N 累积和作物生长的动态影响。并利用本地化的 DNDC 模型综合产量效益和环境效应优化华北平原冬小麦-夏玉米农田滴灌施肥技术。

第六部分，结论与展望。包括主要研究结论、主要创新点和研究展望。

具体的研究思路如图 1－2 所示。

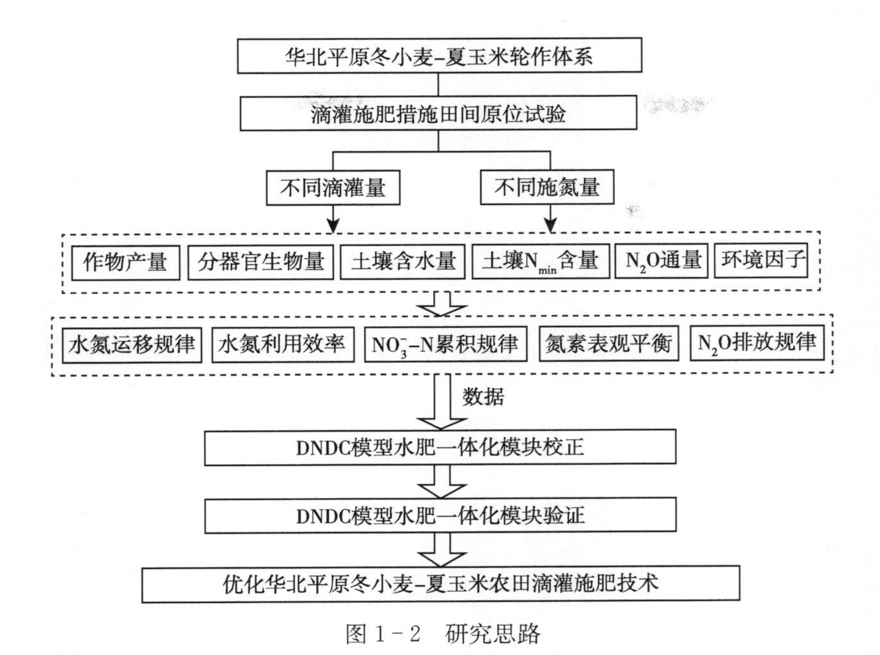

图 1-2 研究思路

二、研究方法

1. 研究区域概况

研究区域山东省桓台县位于鲁中山区和鲁北平原的结合地带，属于华北平原的一部分，境内地势南高北低，由西南向东北倾斜，略呈微波状。南部为缓岗，中部为平原，北部是湖洼。桓台县地处暖温带大陆性季风型气候，雨热同期，平均年日照时数 2 833h，无霜期 198d，年平均气温 12.5℃，多年平均降水量 558mm，75%的降水都集中在 6—9 月，降水分布不均，全年平均蒸发量1 843mm，蒸降比 3.3∶1。1990 年全县平均粮食亩产达到 1 吨，成为江北第一个“吨粮县”，2012 年全县冬小麦总产 20 万 t，平均亩产 549kg，夏玉米总产 22 万 t，平均亩产 620kg（2013 年淄博市统计年鉴），以冬小麦-夏玉米轮作为主，属华北平原典型的高投入、高产出的集约型农业生态系统类型。

2. 试验地概况

本书依托位于山东省桓台县新城镇逯家村（北纬 36°57′30″，东经 117°58′15″）内的中国农业大学桓台试验站进行。试验区主要种植制度为冬小麦-夏玉米轮作。本试验在已连续多年实施免耕和秸秆还田管理的农田上进行。土壤基础理化性质如表 1－1 所示。

表 1－1　试验地土壤理化性质

土壤层次（cm）	有机质（g kg^{-1}）	有效磷（mg kg^{-1}）	速效钾（mg kg^{-1}）	土壤质地	田间持水量（%）	容重（g cm^{-3}）	土壤含水量（%）	NH_4^+－N（mg kg^{-1}）	NO_3^-－N（mg kg^{-1}）
0～20	19.6	29.81	167.90	粉壤土	20.28	1.58	17.25	0.70	18.40
20～40	9.4	7.65	130.25		19.73	1.56	15.26	0.54	8.22
40～60	—	—	—		19.92	1.58	15.12	0.65	7.99

3. 试验设计

田间原位观测试验根据冬小麦-夏玉米轮作特征选择在 2011 年 6 月至 2013 年 6 月进行，其中，2011 年 6 月至 2012 年 6 月为预试验时期，为第二年的试验处理设置提供数据支撑；正式试验时间为 2012 年 6 月至 2013 年 6 月。本书共设计 2 个试验，分别为测墒补灌试验和滴灌施肥试验。其中，测墒补灌试验施肥方案固定，主要考察不同灌溉量水平下冬小麦和夏玉米水分运移规律和最佳滴灌量；滴灌施肥试验中灌溉方案固定，主要考察统一滴灌量下最适宜的施肥量。2 个试验共同设置 1 个常规地面灌溉＋肥料撒施处理（C）和常规地面灌溉不施肥处理（CK）作为对照，C 处理灌溉、施肥量和时间与当地农民习惯一致，灌水定额为每次 90mm，平水年冬小麦灌 3 次水，夏玉米灌 1 次水（表 1－2 和表 1－3）。常规处理冬小麦施氮量为 270kg ha^{-1}，分底肥和拔节期追肥两次施入，底肥为氮磷钾混合肥料，施氮量为 120kg ha^{-1}，追肥为尿素，施氮量为 150kg ha^{-1}；夏玉米施氮量为 330kg ha^{-1}，分底肥和大喇叭口期追肥两次施入，底肥为氮磷钾混合肥料，施氮量为 120kg ha^{-1}，追肥为尿素，施氮量为 210kg ha^{-1}。试验采用随机区组设计，每处理重复 3 次，试验小区面积 10m×5m=50m^2。滴灌系统采用滴灌线，滴头间距 30cm，每行小麦/玉米布设 1 条毛管。每个小区配备 1 个压差式施肥罐和 1 个水表，以保证每个小区单独灌水和施肥的要求，灌溉总压力为 0.3MPa，平均滴头流速为 0.15L h^{-1}。在灌溉井灌溉总管出口处和每个施肥灌出口处安装过滤器。供试品种为当地主栽品种（小麦品种为鲁原 502，玉米品种为郑单 958）。滴灌供试肥料为水溶性复合肥（新疆维吾尔自治区农业科学院研制），肥料成分为尿素、磷酸一铵和氯化钾。

表 1-2 灌溉试验区冬小麦灌溉施肥管理

生育时期	灌溉施肥日期	灌溉量（mm）					滴灌小区施肥量（折纯）（kg ha^{-1}）			
		W1	W2	W3	W4	W5	C	N	P_2O_5	K_2O
播种	2012/10/6	0	0	0	0	0	90	0	16.9	0
分蘖期	2012/11/7	0	0	0	0	0	0	28.4	10.2	17.7
拔节期	2013/4/6	25	38	50	75	100	90	37.8	13.6	23.7
孕穗期	2013/5/1	18	27	36	54	72	0	47.3	16.9	29.6
扬花期	2013/5/16	12	18	24	36	48	0	47.3	16.9	29.6
灌浆期	2013/5/30	10	15	20	30	40	90	28.4	10.2	17.7
合计		65	98	130	195	260	270	189	84.7	118.3

表 1-3 灌溉试验区夏玉米灌溉施肥管理

生育期	灌溉施肥日期	灌溉量（mm）					滴灌小区施肥量（折纯）（kg ha^{-1}）			
		W1	W2	W3	W4	W5	C	N	P_2O_5	K_2O
播种	2013/6/17	0	0	0	0	0	0	0	37.8	0
拔节期	2013/7/7	12	18	24	36	72	0	34.7	22.7	12.7
小喇叭口期	2013/7/21	0	0	0	0	0	0	34.7	22.7	12.7

（续）

生育期	灌溉施肥日期	灌溉量 (mm)					滴灌小区施肥量（折纯）($kg\ ha^{-1}$)			
		W1	W2	W3	W4	W5	C	N	P_2O_5	K_2O
大喇叭口期	2013/8/1	0	0	0	0	0	0	46.2	30.2	16.9
抽雄期	2013/8/10	12	18	24	36	72	0	46.2	30.2	16.9
灌浆期	2013/8/24	12	18	24	36	72	0	46.2	30.2	16.9
蜡熟期	2013/9/15	12	18	24	36	72	90	23.1	15.1	8.5
合计		48	72	96	144	288	90	231	189	84.7

测墒补灌试验（试验 1）：测墒补灌法通过在各生育时期测定一定深度土壤的墒情，根据作物需水量，计算需要补充的灌水量（Wang et al.，2013；段文学等，2010；韩占江等，2010；Papanikolaou et al.，2013），是一种能够准确确定灌水量的方法。滴灌中应用测墒补灌法还应该考虑湿润区域比例和灌溉系统应用效率（Wang et al.，2013）。综合计划湿润深度、湿润区比例、灌溉系统效率等影响测墒补灌量的不确定因素，以灌溉系数为计量，设置了 5 个灌溉处理，分别为 W1（灌溉系数 0.5）、W2（灌溉系数 0.75）、W3（灌溉系数 1）、W4（灌溉系数 1.5）和 W5（灌溉系数 2）。灌水量（mm）具体计算公式如下（山仑等，2004）：

$$Q = 10a \times H \times (\theta_{fc} - \theta_0) \quad (1-1)$$

式中，a 为灌溉系数，H 为土壤计划湿润层的深度（cm），本试验计划湿润深度为 40cm，θ_{fc}为田间持水量（体积含水量），θ_0 为灌溉前计划湿润深度土壤体积含水量。灌溉下限为 85%田间持水量。为了更好地实施每个重要生育期滴灌施肥，原则上每个重要生育期灌溉 1 次，如整个生育期前半段土壤含水量均高于 85%田间持水量，则不滴灌。根据上述公式计算得出不同灌溉系数处理的灌溉量。每个小区灌水量由单独的水表计量。不同时期具体灌水量见表 1-2 和表 1-3，最终 5 个处理灌溉水平冬小麦季依次为 65mm、98mm、130mm、195mm 和 260mm，夏玉米季依次为 48mm、

72mm、96mm、144mm和288mm。根据2011—2012年的前期预试验结果，本试验处理的施肥方案选择试验2中的N2处理。

滴灌施肥试验（试验2）：试验设置4个施氮量处理即N0（不施肥）、N1（冬小麦和夏玉米施氮分别为94.5kg ha^{-1}和115.5kg ha^{-1}）、N2（冬小麦和夏玉米施氮分别为189kg ha^{-1}和231kg ha^{-1}）和N3（冬小麦和夏玉米施氮分别为270kg ha^{-1}和330kg ha^{-1}）。根据冬小麦和夏玉米的营养特性，各施肥处理的磷、钾肥用量相同，折纯P_2O_5和K_2O的具体用量分别为冬小麦84.7kg ha^{-1}和118.3kg ha^{-1}，夏玉米189kg ha^{-1}和84.7kg ha^{-1}。氮、钾肥全部滴施，磷肥20%作为底肥一次施入，80%滴施。其中滴施磷肥成分为磷酸一铵，底肥磷肥成分为过磷酸钙，三个处理滴施氮肥中均有13kg N ha^{-1}来自磷酸一铵，其余来自尿素。根据2011—2012年的前期预试验结果，试验2的灌溉方案选择试验1中的W3处理（灌溉量冬小麦为130mm，夏玉米为24mm）。每次滴灌时按比例随水施肥，具体施肥比例冬小麦为分蘖期15%、拔节期20%、孕穗期25%、扬花期25%、灌浆期15%；夏玉米为拔节期15%、小喇叭口期15%、大喇叭口期20%、抽雄期20%、灌浆期20%、蜡熟期10%。

灌溉井在试验区东南角，试验区四周均有宽2.5m的保护行。

4. 样品采集与分析

（1）土壤样品的采集与分析

a. 土壤水分与无机氮采样点的确定

根据滴灌后农田土壤不完全湿润，水分在滴头周围形成近似截顶椭球体分布区的特性，在冬小麦季的拔节期、抽穗期和扬花期及夏玉米季灌浆期和蜡熟期共5次灌溉施肥24h后在各小区内分别用土钻采取U点、E点和D点3点的土壤样品。U点位于滴头正下方，E点和D点分别位于滴头周围湿润土体中离作物较远一侧边界内侧和外测5cm范围内。根据滴灌量的不同，单个滴头周围的湿润土体水平半径为15～20cm（图1-3），取样层次为0～20cm、20～40cm、40～60cm、60～80cm和80～100cm，每个取样点、每个层次取 1 个土样。

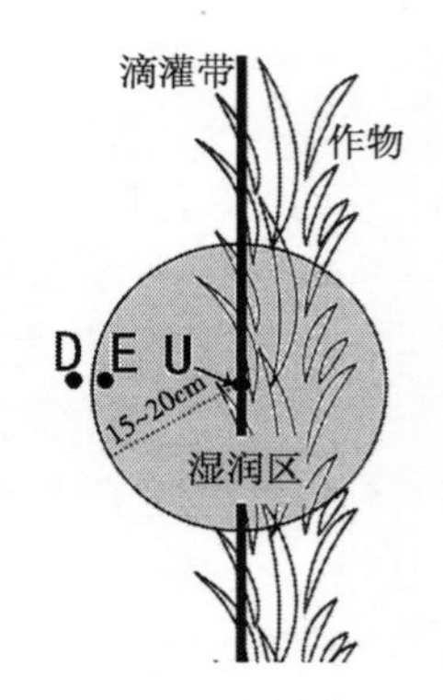

图 1-3 取样点示意图

另外，在冬小麦和夏玉米的播前和收获后，分别在 0～20cm、20～40cm、40～60cm、60～80cm 和 80～100cm 的 5 个层次上用土钻取土样。为了保证所取样品能够代表田间无机氮平均水平，每小区取 2 个样点，取样点分别在畦上两行冬小麦之间和滴头下方位置，然后将取自同一土层的土样于田间混合均匀。

b. 土壤水分的分析计算方法

将每次田间所取土样置于预先装有冰块的保温箱中，带回实验室后，立即过 2mm 筛，用烘干法测定土壤水分含量。

土壤水分利用效率定义为消耗单位土壤水分所产生的经济产量，表达式如下：

$$WUE = Y/ET \tag{1-2}$$

式中，WUE 表示水分利用效率，Y 表示籽粒产量，ET 为作物生育期耗水量。用农田水分平衡法（房全孝等，2006）计算，水分平衡方程式为：

$$ET = Q + P + \Delta S - F \pm K \tag{1-3}$$

式中，Q 为灌溉量（mm），由水表测定；P 为降水量（mm）；F 为地表径流，K 为上移或下渗量，考虑到小麦田地势平坦，试验期间降水强度低，小麦田无地表径流，F 值忽略不计。同时根据试验结果，滴灌后灌溉系数 1 的处理没有深层渗漏，因此 K 值忽略不计（忽略后略微低估了 W4 和 W5 处理的耗水量）。ΔS 为土壤贮水变化量（mm），用水层厚度 Δh 表示：

$$\Delta h = 10\sum(\Delta\theta i \times Zi),\ i = 1, \cdots, m \tag{1-4}$$

式中，$\Delta\theta i$ 为土壤某一层次在给定时段内体积含水量变化，Zi 为土壤层次厚度（cm），i、m 是从土壤第 i 层到第 m 层，本书取 0～100cm（20cm/层）。

灌溉水利用率是评价灌区农业灌溉用水效率的重要指标，表达式如下：

$$IWUE = Y/Q \tag{1-5}$$

式中，$IWUE$ 表示灌溉水利用率，Q 为生育期灌水量。

$WFPS$ 为土壤孔隙含水量，计算公式如下：

$$WFPS = \frac{W}{1-\rho_b/\rho} \times 100\% \tag{1-6}$$

式中，W 为土壤体积含水量（%）；ρ_b 为土壤容重（g cm^{-3}）；ρ 为土壤标准密度（2.65g cm^{-3}）。

c. 土壤无机氮的分析计算方法

将每次田间所取土样置于预先装有冰块的保温箱中，带回实验室后，立即过 2mm 筛，称取鲜土（24.00±0.005）g，装入 500mL 白色振荡瓶中，加入 100mL 1mol L^{-1}的 KCl 溶液浸提，振荡 1h，将滤液于－18℃冰柜中保存，测定前解冻，利用连续流动分析仪（Auto analyzer 3）测定 NO_3^-－N 和 NH_4^+－N 含量，并根据土壤容重将无机氮单位换算成 kg ha^{-1}（王秀斌，2009）。

具体计算公式如下：

$$NO_3^- - N\text{累积量}(kg\ ha^{-1}) = \frac{\text{土层厚度}\times\text{土壤容重}\times NO_3^- - N\text{浓度}}{10}$$

氮表观矿化（kg ha^{-1}）＝不施氮区作物吸氮量＋收获后土壤 N_{min}－播前土壤 N_{min}

氮表观损失（kg ha^{-1}）＝播前氮 N_{min}＋施氮量＋表观矿化量－施氮区作物吸氮量—收获后 N_{min}

氮表观损失率（%）＝氮表观损失量/施氮量×100%

氮素吸收利用率（%）＝(施氮区作物吸氮量－不施氮区作物吸氮量)/施氮量×100

氮素农学利用率（kg kg^{-1}）＝(施氮区产量－不施氮区产量)/施氮量

氮素生理利用率（kg kg^{-1}）＝(施氮区产量－不施氮区产量)/(施氮区作物吸氮量－不施氮区作物吸氮量)

籽粒氮素吸收利用率（%）＝（施氮区籽粒部分吸氮量－不施

氮区籽粒部分吸氮量)/施氮量×100。

(2) N_2O 样品的采集与分析

a. 采样材料

本书采用静态箱-气相色谱法监测供试冬小麦-夏玉米农田土壤的 N_2O 排放通量。田间试验所用采样箱采用不锈钢箱板制作，板厚1mm，表面光洁度高，外部用泡沫包裹以避免阳光直射使箱内温度过高。为了便于手动观测时人工操作，将采样箱设计为分节组合式标准箱，由基座、中段箱和顶箱组成（图1-4）。中段箱规格为50cm×50cm×50cm（长×宽×高），顶箱规格分50cm×50cm×50cm（长×宽×高）和50cm×50cm×100cm（长×宽×高）两种。中段箱为四面封闭上下贯通，底部箱体四周装有橡胶密封条，顶上箱体四周光滑。顶箱为四面和顶部封闭，底部箱体四周装有橡胶密封条。底座表面光滑，箱体和底座及箱体之间连接时用两个大夹子夹紧，保证采用时底座和箱体间密封。顶箱内装有采样管、测温探头和电扇（用于混匀箱内气体）。采样过程中根据小麦和玉米生长高度选择适宜的箱体组合。

图1-4 气体样品采集底座和所用静态箱

静态箱的不锈钢底座置于作物畦上，一行小麦或者玉米落在底座内，底座置入土壤内 10cm，保证底座边缘与地表相平，安装好后整个生长季内不再移动。采样时将采样箱放置在不锈钢底座上，迅速用两个大夹子夹紧，需要中段时同样用两个大夹子将中段与顶箱夹紧，以保证静态箱内气密性良好（图 1－4）。为了减少采样时对周围环境和作物的扰动和破坏，每个采样点周围搭建约 20cm 高的木桥，在整个采用过程中，试验操作人员在木桥上完成。采样箱保证开口方向背向太阳侧放在样地中准备气体采样，以保持箱内的空气温度与环境基本一致。采样箱和采气管存放过程中注意环境卫生，保证采样箱内表面洁净度，注射器三通阀使用时保证旋紧，防止三通阀脱落。如果在采样过程中脱落，该样品作废。样品采集后马上让入袋子中遮阳保存，避免日光暴晒。

b. 气样采集

使用 100mL 注射器于静态箱密封后的第 0 分钟、第 5 分钟、第 10 分钟、第 15 分钟、第 20 分钟（5 分钟 1 次，共取 5 次）时抽取箱内空气并注射入真空气袋内（大连普莱特公司生产），采样结束后及时带回实验室分析。取样结束后，马上将采样箱从底座移开，减少采样过程对供试土壤造成的扰动。每次滴灌施肥后逐日采样 7 天；每次 10mm 以上日降水后，逐日采样 5 天；每次播种后连续取样 3 天；其他情况下，3—11 月每周采样 1 次，12 月、1 月和 2 月每 2 周采样一次。为了便于比较和减少日变化所导致的 N_2O 排放通量差异，取样时间保持在当地时间的 9：00—11：00 进行。采集每针气样时，同时测定该时期的气温、箱内温度和 5cm 土壤温度，在取气样小区内随机取三点 0～10cm 土壤充分混合，利用烘干法测定土壤含水量，利用流动分析仪测定土壤 NO_3^-－N 含量。

c. N_2O 分析计算方法

本书采用安捷伦 7890A 气相色谱分析仪［安捷伦科技（中国）有限公司］检测采集到的气体样品中 N_2O 的浓度，测定 N_2O 浓度所用检测器分别为氢火焰离子化检测器（FID）和电子捕获检测器（ECD），载气为高纯氮气。

N_2O 排放通量计算公式为：

$$F = \rho_0 \frac{V}{A} \frac{P}{P_0} \frac{T_0}{T} \frac{dC_t}{dt} \quad (1-7)$$

式中，F 为 N_2O 排放通量（kg N ha^{-1}）；ρ_0 为标准状态下待测气体密度；V 为箱子体积（m^3）；A 为罩箱面积（m^2）；T 和 P 分别为采样时的绝对温度（℃）和采样点的气压（mm Hg）；T_0 和 P_0 分别为标准状态下空气的绝对温度（℃）和气压（mm Hg）；C_t 为 t 时刻箱内 N_2O 的体积混合比浓度；dC_t/dt 为箱内目标气体浓度随时间变化的回归直线斜率。各处理整个生长季或全年总的 N_2O 排放量直接由观测通量值计算，对于缺测日的排放由前一观测日 20%递减法计算而得。对所有日期（观测日和缺测日）的排放通量进行累加，计算获得 N_2O 季节排放总量。

根据施氮肥（N1、N2、N3、C）和对照处理（CK）的 N_2O 季节排放总量和氮肥施用量计算冬小麦和夏玉米生长季 N_2O 直接排放系数（指当年或当季施用的肥料氮素通过 N_2O 排放损失的比率——EF_d），计算公式为：

$$EF_d = 100 \frac{E_F - E_c}{N} \quad (1-8)$$

式中，E_F 和 E_C 分别为施氮肥和对照处理下冬小麦-夏玉米生长季 N_2O 排放总量（kg N ha^{-1}），N 为当季施氮肥量（kg N ha^{-1}）。

排放强度是指形成单位经济产量的 N_2O 排放量。计算公式为：

$$I = \frac{F}{Y} \quad (1-9)$$

式中，I 为排放强度（kg N t^{-1}），F 为供试农田土壤 N_2O 排放通量（kg N ha^{-1}），Y 为作物产量（t ha^{-1}）。

(3) 其他样品的采集与分析

a. 植株取样与测定

冬小麦和夏玉米收获期分根、茎、叶和籽粒四部分分别取样，带回实验室后烘干粉碎，混合均匀，过 0.5mm 筛，阴凉干燥处密封保存。植株样用 $H_2SO_4-H_2O_2$ 消煮，然后用凯氏法测定各器官全氮含量。

b. 作物产量测定

采用田间小区实际测产的方法，收获时，每个小区取植物样测产，每小区取 $3\times2.5m^2$ 样方共 $7.5m^2$ 进行测产。将每个样方的生物量折算成 kg ha^{-1}。

c. 其他辅助数据

对基础土样进行检测，获得土壤基本属性（土壤容重、土壤质地、有机质含量、土壤含水量、田间持水量、无机氮、有效磷和速效钾等）；通过田间小型气象站获取逐日气象资料（日降水量、日最高和最低气温）；实时记录田间管理措施（施肥日期、施肥方式、施肥量、灌溉日期、灌溉水量、跟做时间、播种及收获日期等）。

（4）数据处理及分析

数据均采用 SPSS 19.0 和 Excel 2007 软件进行统计分析。统计上的显著性差异进行方差分析检验，多重比较采用 Duncan 法检验。

第二章　滴灌对土壤水氮运移与水分利用的影响

滴灌是典型的点源局部湿润灌溉模式，前人研究表明滴灌后水分会在滴头周围土壤形成一个横向和纵向距离不同的近似截顶椭球体（Zur，1996；Haynes，1985），行播作物中滴头距离较近，这些椭球体在滴灌带方向相连（Haynes，1985）。具体的水平和垂直湿润范围主要与土壤性质、滴头流量和灌水量有关（李久生等，2003）。目前国内外对滴灌施肥技术在免耕大田土壤内的水分和硝态氮（NO_3^-－N）运移规律尚不明晰，研究不同滴灌量对土壤水分和 NO_3^-－N 运移的影响对于明确滴灌提高水分和氮肥利用效率的内部机理，合理确定滴灌制度具有十分重要的现实意义。本章通过田间试验系统研究华北平原冬小麦-夏玉米轮作大田滴灌后水分和 NO_3^-－N 的运移规律及水分利用效率，揭示不同滴灌量下土壤水分和 NO_3^-－N 的运移规律及其对产量的影响，为华北平原推广滴灌施肥一体化技术提供科学依据。

第一节　滴灌对土壤水氮运移的影响

一、不同部位土壤水分运移规律

在冬小麦和夏玉米季共有 5 次滴灌施肥后监测了不同径向距离和垂直深度土壤含水量的变化情况（图 2－1），以分析滴灌施肥水分在土壤中的运移规律。从不同部位不同深度土壤含水量分析，W1、W3、W5 处理中灌溉 24h 后，0～20cm 土层的含水量显著高于其他层次，滴头下方 U 点土壤含水量高于湿润土体边缘 E 点。U 点和 D 点土壤含水量对比，W1 处理下，60cm 以上土壤含水量

U点>D点，60cm以下差异不明显，说明滴灌后水分主要垂直运移至60cm土层。随着灌水量的增加，土壤垂直湿润深度逐渐加大，W3处理的垂直湿润深度为80cm，而W5处理0～100cm土层含水量均表现出滴头下方含水量高于干燥区土壤含水量（U点>D点），且无减少的趋势，说明W5处理水分运移到100cm后还有继续下渗的趋势。这一点也与本试验中只有W4和W5试验取到100cm深度淋溶水的试验结果相符（同期试验结果，本书未分析），说明在试验区土壤条件和相同滴头流量条件下，灌水量越大，垂直湿润深度越大，W5处理存在灌溉水深层渗漏风险。

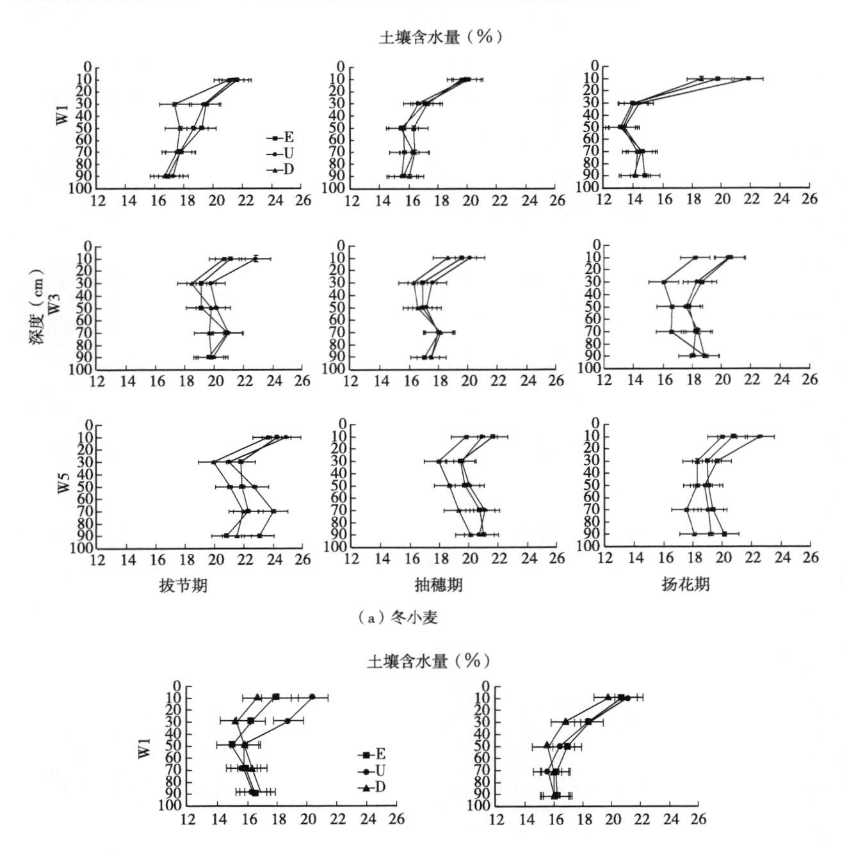

（a）冬小麦

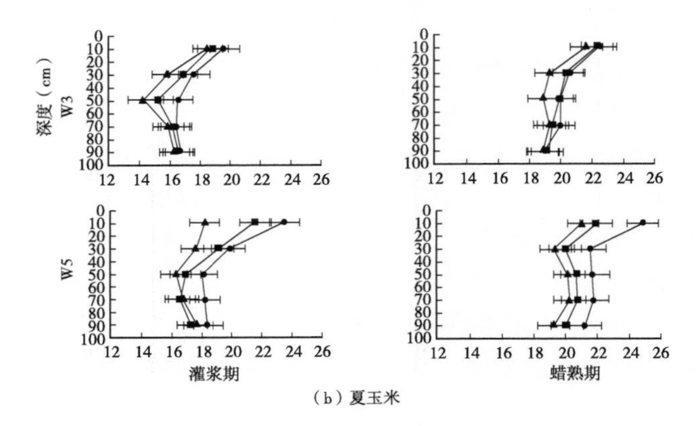

（b）夏玉米

图 2-1　滴灌施肥 24h 后不同位置不同层次土壤含水量变化

注：U 点为滴头下方；E 点为滴头周围湿润土体的边缘；D 点为滴头周围形成的湿润土体边缘以外的干燥区。图 2-2 同。

二、不同部位土壤 NO_3^- - N 运移规律

从不同部位不同深度土壤 NO_3^- - N 含量分析，与土壤水分运移规律一致，灌水量越低，NO_3^- - N 表聚现象越明显。W1 处理下，基本表现出 60cm 以上土壤 NO_3^- - N 含量 U 点、E 点>D 点，60cm 以下差异不明显，说明滴灌后 NO_3^- - N 主要随水垂直运移至 60cm 土层。随着灌水量的增加，NO_3^- - N 向下运移的深度逐渐增大，W3 处理下 NO_3^- - N 主要运移到 80cm 以上，而 W5 处理 0～100cm 土层 NO_3^- - N 含量均表现出 U 点、E 点>D 点的特征（图 2-2），说明 W5 处理 NO_3^- - N 随水运移到 100cm 后还有继续往下运移的趋势。总体说明在试验区土壤条件和相同滴头流量条件下，灌水量越大，NO_3^- - N 垂直运移的深度越大，W5 处理存在 NO_3^- - N 淋溶的风险。另外在水平方向上，W1 处理下表现出 U 点>E 点的特点，而 W3 处理下 E 点和 U 点的 NO_3^- - N 含量差异不大，分布比较均匀，W5 处理下 E 点>U 点，说明灌水量会影响差压式施肥条件下的 NO_3^- - N 水平运移规律。

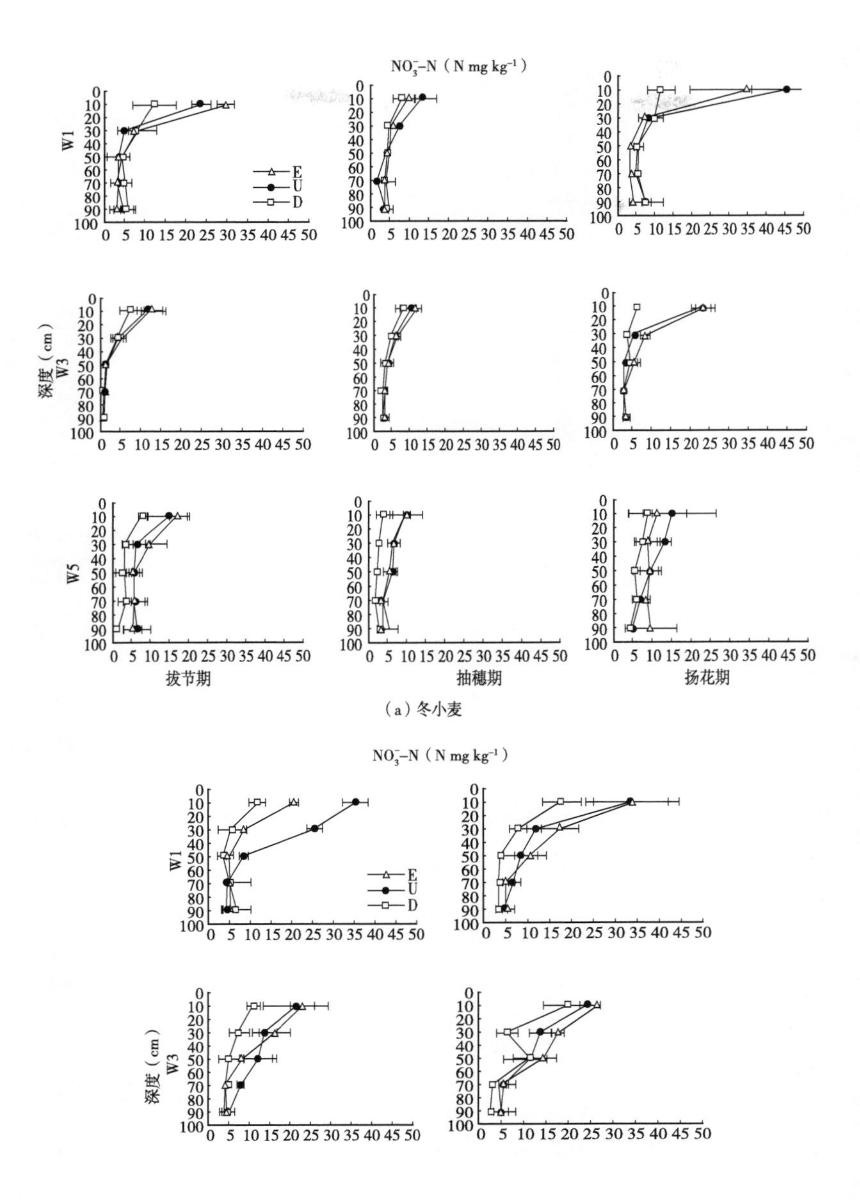
NO₃⁻-N（N mg kg⁻¹）
W1
W3
W5
深度（cm）
E
U
D
拔节期
抽穗期
扬花期
(a) 冬小麦
NO₃⁻-N（N mg kg⁻¹）
W1
W3
深度（cm）
E
U
D

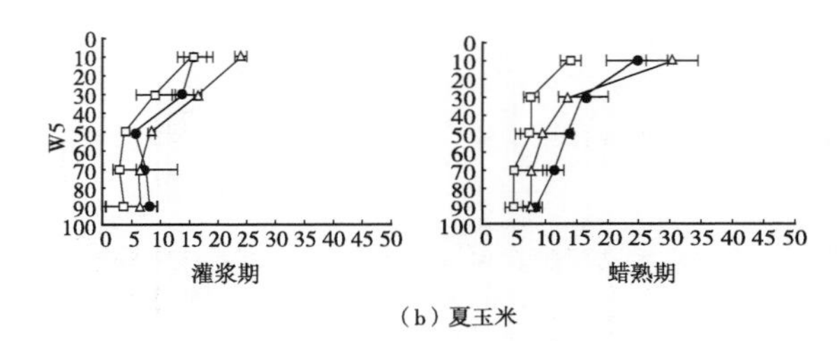

（b）夏玉米

图 2-2 滴灌施肥 24h 后不同位置不同层次土壤 NO_3^--N 含量变化

第二节 滴灌对土壤含水量的影响

一、不同生育时期土壤含水量的变化

不同灌溉水平下 0～80cm 不同层次土壤含水量变化趋势基本一致（图 2-3），但是 W1 处理土壤含水量明显低于 W3 和 W5 处理，而从 W3 增加灌溉量至 W5 则未增加各层次土壤含水量。在夏玉米生长季中的七八月，由于降水量较大，没有进行灌溉，3 个处理间土壤含水量没有显著差异。总体来说，W1 处理下各层次土壤含水量呈持续下降的趋势，而 W3 和 W5 处理灌溉前各层次土壤含水量变化较小，基本稳定在 15%～16%，相当于田间持水量的 75%～80%，说明整个生育期 0～80cm 土层含水量基本不会出现亏缺，发挥了滴灌措施多次按需灌溉的作用，有利于冬小麦和夏玉米，特别是冬小麦的生长。

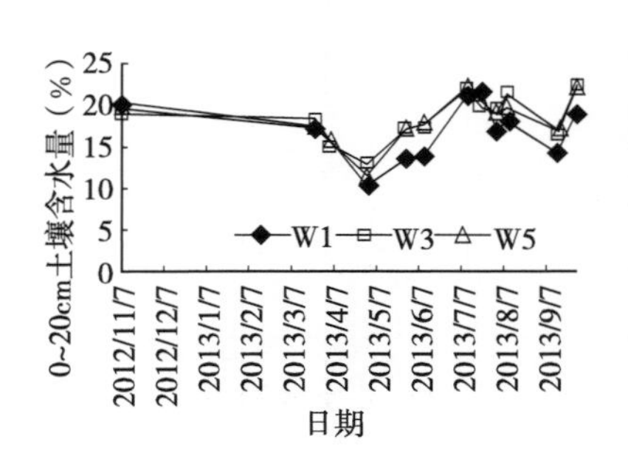

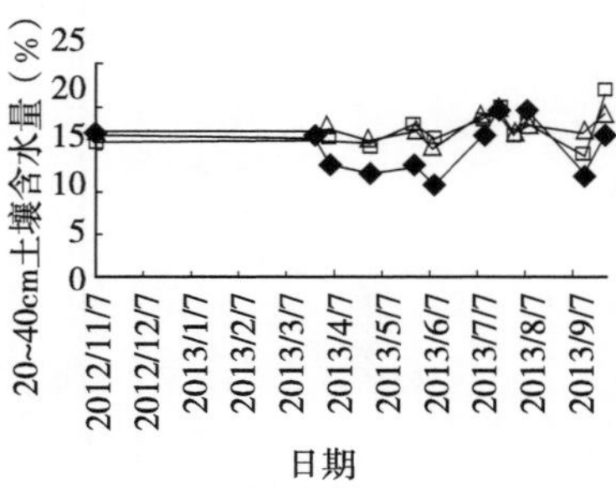

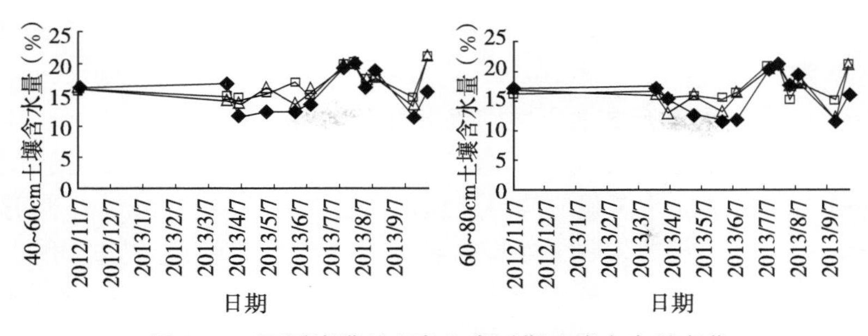

图 2-3 不同滴灌处理各生育时期土壤含水量变化

二、不同灌溉方式土壤含水量变化

1. 不同灌溉方式不同层次土壤含水量变化

本次试验中冬小麦拔节期滴灌时间（2013 年 4 月 5—6 日）和常规处理的灌溉时间相同（4 月 6 日），灌溉 24h 后 W3 处理和 C 处理不同层次土壤的含水量对比如图 2-4 所示。虽然拔节期 W3 处理滴灌灌水量（50mm）低于漫灌的灌水量（90mm），灌溉后滴灌处理表层土壤的平均含水量略高于常规漫灌处理，而 20～100cm

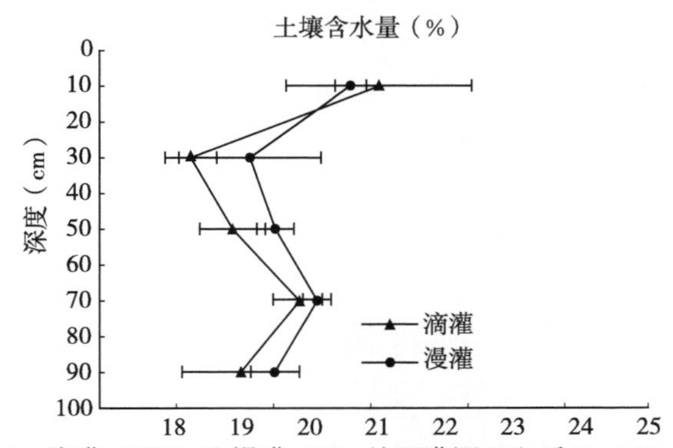

图 2-4 滴灌（W3）和漫灌（C）处理灌溉 24h 后 0～100cm 不同深度土壤含水量量变化

注：拔节期，W3 取 U、E 和 D 三点土壤含水量平均值，C 取土点为两行作物中间；数据为平均值±标准差（n=3）。

土层的含水量低于常规漫灌处理，常规漫灌处理存在更大的水分深层渗漏的风险。

2. 不同灌溉方式表层土壤含水量变化

在拔节期灌溉后的一周内，在灌水后头两天 W3 滴灌处理的 0～10cm 土壤含水量低于漫灌处理，但是滴灌条件下水分向下运移少，第三天、第四天两个处理的表层土壤含水量转变为基本相同，而到了第五、第六、第七天 W3 处理的 0～10cm 土壤含水量开始高于常规漫灌处理，且有差距增大的趋势（图 2－5）。说明滴灌措施的表层土壤保水效果优于漫灌，有利于作物对水分的吸收。

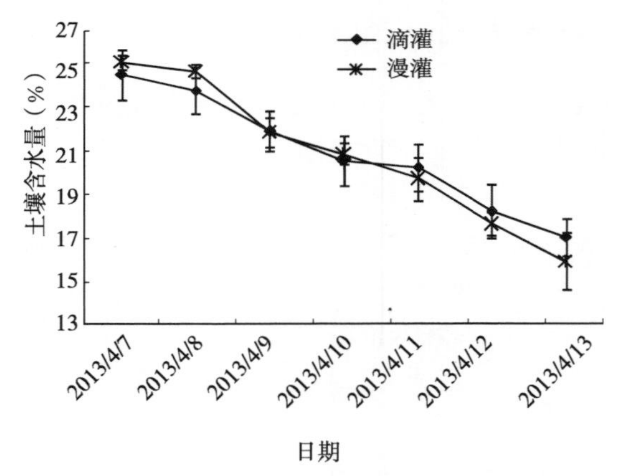

图 2－5　滴灌（W3）与漫灌（C）处理灌溉后一周 0～10cm 土层含水量变化

注：拔节期，取土点为两行作物中间；数据为平均值±标准差（n=3）。

第三节　测墒滴灌对产量和水分利用效率的影响

一、滴灌对冬小麦产量和水分利用效率的影响

在冬小麦季，与常规漫灌相比，滴灌显著提高了冬小麦籽粒产

量和水分利用效率，实现增产 21.13%（表 2-1）。在不同的滴灌量处理中，130mm 灌水量处理（W3）土壤水分利用效率最高，灌水量最高的 W5 处理土壤水分利用效率最低，主要原因应该是 W5 处理滴灌后灌溉水深层渗漏导致了灌溉水损失。综合籽粒产量、土壤水分利用效率和灌溉水利用率，W3 处理是产量和土壤水分利用效率、灌溉水利用率均较高的处理，是本试验中最优的灌溉处理，冬小麦生长季的补灌量为 130mm，土壤水分利用效率为 2.28kg m^{-3}。

表 2-1　灌溉试验各处理对冬小麦籽粒产量、水分利用效率及灌溉水利用率的影响

处理	总灌水定额（mm）	总降水量（mm）	播种前土壤含水量 θ_S（cm^{-3} cm^{-3}）	收获后土壤含水量 θ_h（cm^{-3} cm^{-3}）	土壤含水量变化量 $\Delta\theta$（cm^{-3} cm^{-3}）	实收产量（kg ha^{-1}）	耗水量（m^3 ha^{-1}）	土壤水分利用效率（kg m^{-3}）	灌溉水利用率（kg m^{-3}）
W1	65	149.8	0.26	0.20	0.06	5 271.11b	2 750	1.92b	8.11a
W2	91		0.25	0.20	0.05	5 120.00b	2 910	1.76b	5.63b
W3	130		0.25	0.25	0	6 384.90a	2 800	2.28a	4.91b
W4	195		0.26	0.25	0.01	6 041.78a	3 550	1.70b	3.10b
W5	260		0.24	0.26	−0.02	5 885.33a	3 900	1.51c	2.26c
C	270		0.29	0.24	0.05	4 558.22b	4 700	0.97c	1.69c

注：不同小写字母表示差异显著（$P<0.05$）。

二、滴灌对夏玉米产量和水分利用效率的影响

由于夏玉米季降水量较大，作物基本不缺水，因此滴灌措施和不同滴灌量与常规漫灌相比，并没有显著提高夏玉米的产量（表 2-2）。由于试验区夏玉米季降水量较大，易产生地表径流和深层渗漏，而试验中未对这两部分水分进行计算，因此在夏玉米季不能对水分利用效率进行计算。但是从灌溉水利用率来看，最高的处理为灌水量最小（灌溉系数为 0.5）的 W1 处理，同时产量未显

著下降，整个生长季的灌水总量为 48mm，灌溉水利用率为 17.35kg m^{-3}。

表 2-2　灌溉试验各处理对夏玉米籽粒产量及灌溉水利用率的影响

处理	总灌水定额 (mm)	总降水量 (mm)	播种前土壤含水量 θ_s (cm^{-3} cm^{-3})	收获后土壤含水量 θ_h (cm^{-3} cm^{-3})	土壤含水量变化量 $\Delta\theta$ (cm^{-3} cm^{-3})	实收产量 (kg ha^{-1})	灌溉水利用率 (kg m^{-3})
W1	48	577	0.19	0.17	0.03	8 328.89a	17.35
W2	72		0.19	0.17	0.03	8 728.89a	12.12
W3	96		0.20	0.21	−0.01	8 684.44a	9.05
W4	144		0.20	0.21	−0.01	8 246.67a	5.73
W5	192		0.20	0.20	0.00	8 519.56a	4.44
C	90		0.21	0.24	−0.03	9 337.78a	10.38

注：不同小写字母表示差异显著（$P<0.05$）。

第四节　讨论与结论

滴灌施肥技术由于一次性投入较大而在果树和经济作物上应用较多，但是随着粮食安全和水资源短缺等问题的日益严峻，在粮食作物生产上应用该技术也逐渐成为趋势，尤其是在干旱和半干旱区应用范围逐渐扩大。陈博等（2012）结合中国科学院禹城综合试验站长期观测数据，采用 Mann - Kendell 检验法分析了华北平原近 50 年冬小麦和夏玉米的耗水量变化趋势，结果发现在华北地区拔节-乳熟期是冬小麦耗水强度和耗水量最大的一个时期，需要通过多次灌溉满足作物水分供需平衡，拔节-灌浆期是夏玉米耗水强度和耗水模系数都比较高的时期，适逢华北地区雨热同期，一般不需要进行补充灌溉。本试验结果也发现，在冬小麦季进行少量多次滴灌显著提高了水分利用效率和产量，而夏玉米季由于雨量充足，利用滴灌方式未能提高水分利用效率和产量。

滴灌能提高水分利用效率，节约农业灌溉用水已经被普遍认可，而滴灌的水分利用效率之所以更高主要是因为滴灌的水分主要聚集在土壤近表层，不会出现深层渗漏，大部分的水分正好处于小麦根系的主要分布区，易被冬小麦吸收（蒋桂英等，2012）。研究滴灌后水分在土壤中的分布规律可以促进有效的设计和运行滴灌系统、保证精确地将水和肥施用在作物根区内并设计合理的灌溉制度（王树安等，2007），因此本试验对不同滴灌处理灌溉后水分的运移规律进行了研究，为确保水平方向上作物根区处于滴灌后的湿润范围内，本试验将滴灌管设计为一管一行，进而主要研究水分在垂直方向上的运移规律，研究结果表明滴灌量越大，垂直湿润深度越大，灌溉系数 1 以下的处理滴灌后 24h 水分主要运移至 60～80cm，而当灌溉系数达到 2 时，垂直湿润距离超过了 1m，有产生水分深层渗漏的风险。根据试验过程中几次滴灌后随机抽样测量的结果，在试验区土壤性质和滴头流量条件下，滴灌后水分在土壤中水平运移量较小，约 15～20cm，不同灌水量之间差异不明显。这一结果与李久生等（2003）研究滴灌后随滴水量的增加，垂直方向湿润距离的增加比水平方向明显的结论一致。

由于尿素的移动性较好，主要随水运移，因此滴灌施肥后，不同层次的土壤 NO_3^-－N 分布规律与含水量规律基本一致，都存在灌水量较高，灌溉系数达到 2 后，部分 NO_3^-－N 到达 100cm 土层后继续下移，从而造成淋溶损失，这可能是导致 W5 处理冬小麦产量低于 W3 处理的主要原因。而在水平方向上，W1 处理下表现出 U 点＞E 点的特点，而 W3 处理下 E 点和 U 点的 NO_3^-－N 含量差异不大，分布比较均匀，W5 处理下 E 点＞U 点，其原因应该是该试验采用的是压差式滴灌施肥方法，肥液浓度是不断被稀释的，灌水量达到一定程度后，肥液中的浓度变得非常低，继续灌水会将滴头下方的 NO_3^-－N 带入土壤更深层次，从而降低了 W3、W5 处理下 U 点的 NO_3^-－N 含量。

目前不同学者的试验研究中滴灌措施下小麦水分利用效率均有

较大提高，而增产效果差异较大。程裕伟等（2011）在石河子春小麦大田上的研究结果表明，滴灌条件下小麦的产量明显高于漫灌条件，产量增幅达 10.89%～18.63%；聂紫瑾等（2013）在华北黑龙港流域冬小麦大田上的研究结果表明，在枯水年和平水年，滴灌量比漫灌对照减少 45～105mm 的情景下产量差异不显著，平水年水分利用效率能提高 16.62%。Wang 等（2013）在北京大兴冬小麦大田进行了 3 年的滴灌和水平畦灌对比试验，发现这两种灌溉方式下产量没有显著差异，滴灌较水平畦灌的水分利用效率提高 18.42%。本书中试验结果表明，冬小麦季在最优的 W3（灌溉量为 130mm）处理下，与漫灌对照相比，增产率达到 21.13%，水分利用效率提高 57.46%。增产率和水分利用效率提高率均较高，一方面是由于本书中试验采用不同生育期以土壤含水量和作物对肥料的需求比例实施滴灌和施肥一体化的管理措施，与作物对水肥的需求相吻合，且减少了深层渗漏造成的水肥损失；另一方面滴灌和免耕结合，滴灌比漫灌保墒效果更好（Veeraputhiran，2000），加上免耕留茬覆盖进一步减少土壤水分蒸发，使土壤蓄水保墒能力增强（蒋桂英等，2012），更能提高水分利用效率。

滴灌的优点之一是方便随时定量进行灌溉和施肥，但这同时增加了管理的复杂性，灌溉量和灌溉时间成为决定滴灌措施效果的重要因子。本书选择测墒补灌法确定滴灌量，测墒补灌具有可行性强、精确度高、能提供准确灌溉量的优点，但如何选择有代表性的作物根层深度是个难点（韩占江，2010），测定土壤含水量的深度越深工作量和花费均越大。韩占江等（2010）在冬小麦测墒补灌中选择 140cm 湿润深度，Papanikolaou 和 Sakellariou（2013）在高粱测墒补灌上选择 120cm 湿润深度，由于深度太深存在实际生产中难以推广的问题，本书中试验选择小麦根系最发达的 0～40cm 土层为计划湿润深度，并设置不同的灌溉系数处理，结果发现在当地试验大田的现状条件下，冬小麦季灌溉系数为 1（灌溉量为 130mm）时水分利用效率和产量综合最优，且可以减少灌溉水深层渗漏的风险。但是滴灌量对降水量较大的夏玉米的产量基本没有影响。

本章的主要结论如下。

第一，滴灌条件下不同灌水量会影响滴灌后水分的垂直运移深度，灌水量越大，滴灌后水分运移的垂直深度越大，灌溉系数为 0.5 和 1 时，水分主要向下运移至 60cm 土层和 80cm 以上土层，减少灌水量可以减少灌溉水深层渗漏损失。漫灌条件下水分向下渗漏比例更大，滴灌措施的土壤蓄水保墒效果优于漫灌措施。在冬小麦和夏玉米不同生育期根据土壤墒情补充滴灌条件下，灌溉系数≥1 可以保持冬小麦-夏玉米整个生育期 0～80cm 土层含水量在田间持水量的 75%～80%。

第二，滴灌条件下不同灌水量会影响滴灌后 NO_3^- -N 的垂直运移深度，与水分运移规律一致，灌水量越大，滴灌后 NO_3^- -N 运移的垂直深度越大，灌溉系数为 2 时，NO_3^- -N 在随水向下运移至 100cm 后还有继续下移的趋势，存在 NO_3^- -N 深层淋溶的风险。

第三，冬小麦生产季中，灌溉系数为 1 的 W3 处理下水分利用效率最高，在 2012—2013 年冬小麦生长季灌水量为 130mm 的情况下，水分利用效率为 2.28kg m^{-3}，是试验筛选出的最优灌溉方案。夏玉米季由于降水量充足，采用滴灌措施与漫灌措施相比未能提高夏玉米的产量。

第三章　滴灌施肥对土壤硝态氮运移、累积及氮素利用的影响

研究滴灌施肥条件下硝态氮（NO_3^- －N）的空间分布和累积规律不仅能减少 NO_3^- －N 的损失、提高滴灌施肥系统效率（Rajput et al.，2006），而且对于粮食生产、环境保护和节约资源都具有非常重要的现实意义。华北平原是典型的冬小麦-夏玉米轮作区，属暖温带半湿润大陆季风气候区。由于冬小麦生长季节干旱少雨，为了获得可观的产量，高产麦田往往需要大量补充灌水。水肥资源的大量投入带来了一系列的问题，如水肥利用率低、氮素损失量大等（陈健等，2006）。为系统研究滴灌施肥措施下尿素和铵态氮肥混合溶液滴施后氮素在土壤中的运移规律、氮素利用效率和氮平衡，本章系统分析了滴灌施肥后滴头下方（U 点）、滴头周围湿润土体的边缘（E 点）和滴头周围形成的湿润土体以外的干燥区（D 点）三点在 1m 深度范围内的土壤 NO_3^- －N 分布规律和冬小麦、夏玉米收获后土壤 NO_3^- －N 累积规律。

第一节　滴灌施氮对土壤 NO_3^- －N 含量的影响

一、土壤 NO_3^- －N 运移特征

分析土壤 NO_3^- －N 含量的在滴头周围水平分布规律发现（图 3－1），冬小麦生长季三次和夏玉米生长季两次灌溉施肥 24h 后，N0 处理没有施入氮肥，仅灌溉水和降水中带入少量氮，E 点和 U 点 NO_3^- －N 含量仅略高于 D 点；N1 和 N2 处理 E 点的土壤 NO_3^- －N 含

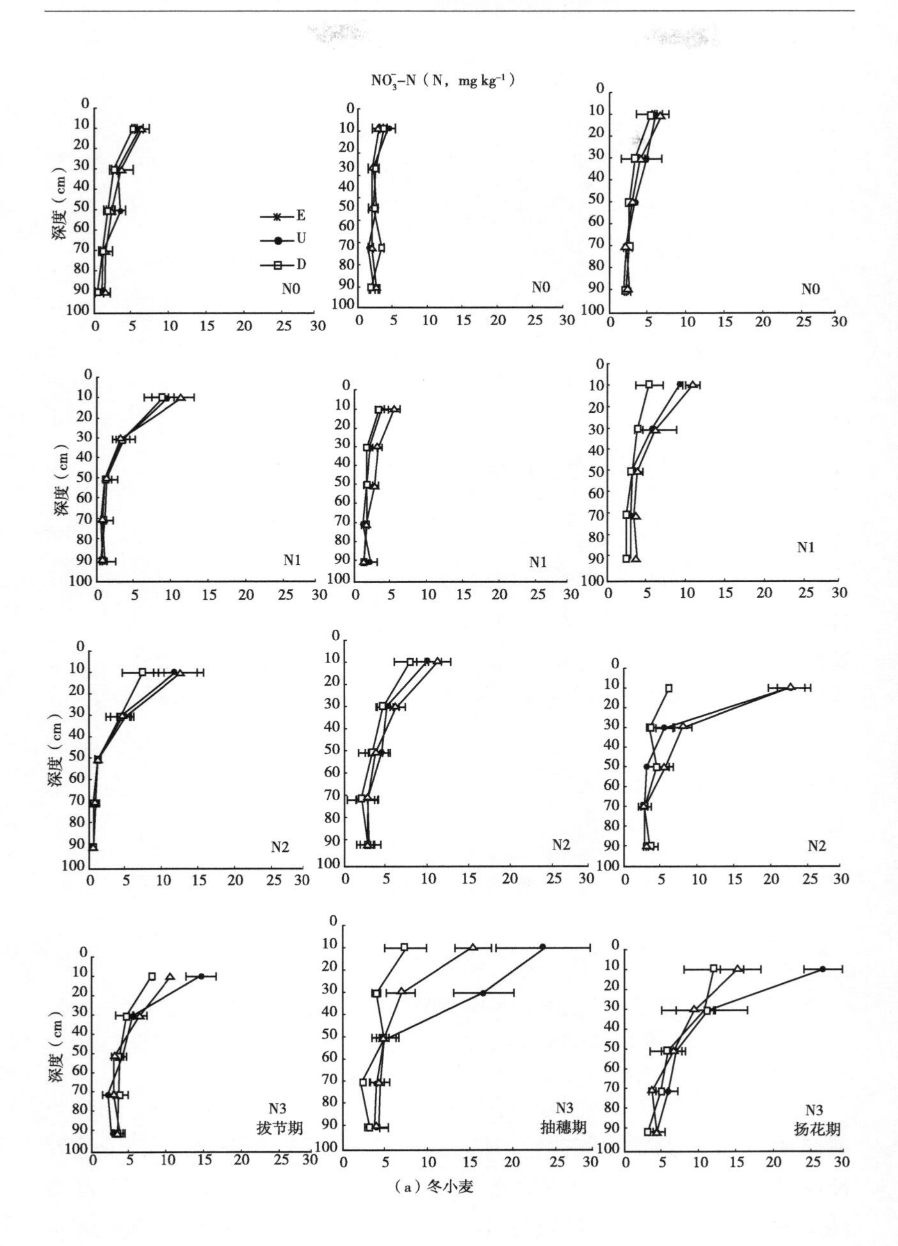

（a）冬小麦

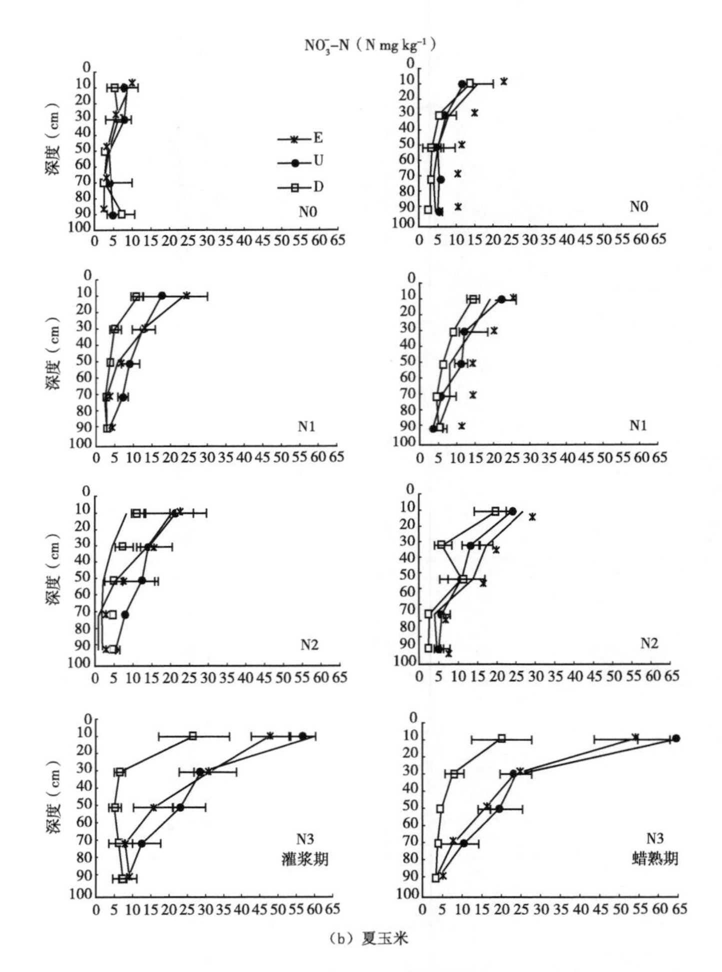

（b）夏玉米

图 3-1 滴灌施肥 24h 后不同位置不同层次土壤 NO_3^--N 变化

注：U 点为滴头下方，E 点为滴头周围湿润土体的边缘，D 点为滴头周围形成的湿润土体边缘以外的干燥区。图中误差线为三个空间重复的标准误差。

量高于 U 点，具有 NO_3^--N 在湿润土体边缘聚集的特征。在差异最明显的 0～20cm 土层内，冬小麦季 N1 处理 E 点含量比 U 点高 26.83%。仅在夏玉米的腊熟期 N1 处理表现出 0～20cm 土壤 NO_3^-

-N含量E点低于U点，这可能与取样点试验误差影响有关。冬小麦季和夏玉米季N3处理则是U点土壤NO_3^--N含量高于E点，没有出现NO_3^--N在湿润土体边缘聚集的现象。冬小麦季和夏玉米季滴灌施肥后均表现出随施氮量的增加，滴灌施肥后NO_3^--N在湿润土体边缘聚集的现象越不明显的特征，N2处理U点和E点的NO_3^--N含量差异最小，湿润土体内土壤养分均匀度最高。相同灌水量条件下，不同施氮量处理NO_3^--N垂直运移深度为80cm以上，且主要在0～40cm土层，施氮量未显著影响土壤NO_3^--N的垂直运移规律。本试验土壤含水量分析结果为该试验设置的滴灌量下，每次滴灌施肥后水分在土壤中向下运移深度为80cm以上（陈静等，2014），因此本文未考虑滴灌施肥后氮肥淋洗对数据结果的影响。

二、不同施氮方式土壤NO_3^--N含量变化

1. 不同施氮方式不同层次土壤NO_3^--N含量变化

本次试验中冬小麦拔节期滴灌施肥时间（2013年4月5—6日）和常规处理的追肥灌溉时间相同（4月6日），施氮24h后滴灌施氮（N3）处理和漫灌施氮（C）处理不同土壤层次的NO_3^--N含量对比如图3-2所示。该次N3处理施氮量为54kg ha^{-1}，常规C处理施氮量为150kg ha^{-1}，施氮后C处理的0～100cm深度不同层次的土壤NO_3^--N含量均高于N3处理，且0～40cm土层差距更小，40～100cm土层的增加量更大，C处理NO_3^--N在40～100cm土层累积的比例占0～100cm的比例为50%，高于N3处理的36%。试验表明，常规处理存在更大的NO_3^--N淋失的风险。

2. 不同施氮方式表层土壤NO_3^--N含量变化

滴灌施氮和漫灌撒施氮肥后随时间的变化，土壤NO_3^--N含量的变化规律有所不同（图3-3）。两种施肥方式由于施氮量不同，施肥后土壤的NO_3^--N含量也不同，漫灌撒施处理土壤NO_3^--N含量上升幅度高于滴灌施肥处理，但是随着时间的推移，两种施肥方式下的土壤NO_3^--N含量差距逐渐减少，到了第六七天两

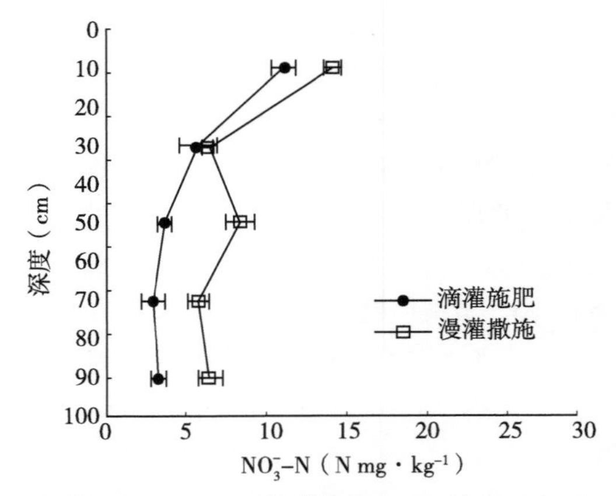

图 3-2　滴灌施氮（N3）和漫灌施氮（C）处理 24h 后 0～100cm 不同深度土壤 NO_3^--N 含量变化

注：拔节期，N3 取 U、E 和 D 三点土壤硝态氮含量平均值，C 的取土点为两行作物中间；数据为平均值±标准差（n=3）。

个处理的土壤 NO_3^--N 含量基本一致（图 3-3）。这说明漫灌撒施的氮肥可能通过气体或淋溶等方式损失掉了，滴灌施氮措施与漫灌撒施措施相比能够减少氮肥的损失。

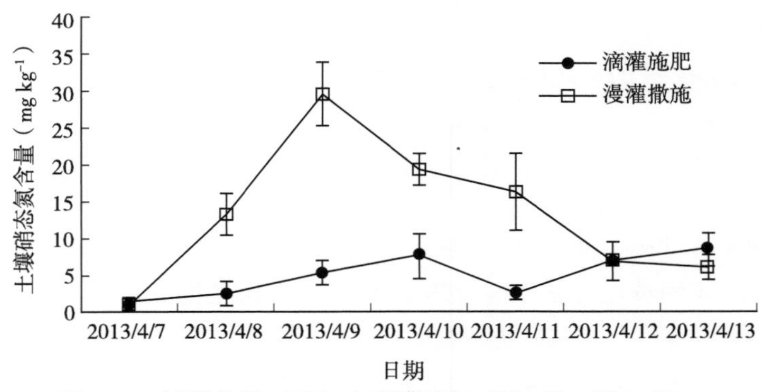

图 3-3　滴灌施氮（N3）与漫灌施氮（C）后一周 0～10cm 土层硝态氮含量变化

注：拔节期，取土点为两行作物中间；数据为平均值±标准差（n=3）。

第二节　土壤剖面 NO_3^- -N 累积特征

在冬小麦和夏玉米收获后，0～100cm 土壤剖面 NO_3^- -N 累积量随施氮量的增加而逐渐增加，且当冬小麦和夏玉米施氮量超过 189kg N ha^{-1}和 231kg N ha^{-1}后，土壤剖面 NO_3^- -N 累积量的增加幅度加大（图 3-4），不施氮处理冬小麦和夏玉米收获期 0～100cm 土壤剖面 NO_3^- -N 累积量最低，N1、N2 和 N3 处理 0～100cm 土壤剖面 NO_3^- -N 累积量比不施氮处理冬小麦季分别增加了 45.30kg ha^{-1}、87.02kg ha^{-1}和 184.04kg ha^{-1}，夏玉米季分别增加了 33.68kg ha^{-1}、131.48kg ha^{-1}和 222.31kg ha^{-1}。

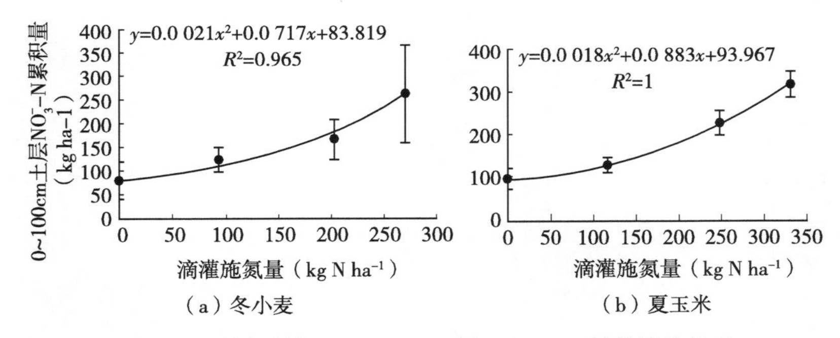

图 3-4　施氮量与 0～100cm 土层 NO_3^- -N 累积量的关系

注：数据为平均值±标准差（n=3）。

从生长季不同部位不同深度土壤 NO_3^- -N 含量分析（图 3-5），各处理中滴灌施肥 24h 后，NO_3^- -N 在土壤中垂直分布规律基本一致，NO_3^- -N 随水运移深度主要在 60cm 以上，且以 0～40cm 最多，土层越深，NO_3^- -N 增加量越少。冬小麦和夏玉米收获后 0～40cm 土层 NO_3^- -N 累积量占 0～100cm 土层总量的比例最大，N0、N1、N2 和 N3 处理 0～40cm 土层所占比例分别为 66.15%、71.67%、71.54%和 70.67%，夏玉米生长季相应的比例分别为 65.87%、71.93%、65.46%和 61.86%，而冬小麦和夏玉米生长季常规灌溉施肥 C 处理 0～40cm 土层所占比例分别为 84.43%和 59.78%。对比来看，在降水量很低的冬小麦生长季，滴灌施肥和常规漫灌施肥都存在很明显的表聚现象；而在降水量大的夏玉米生长季，两种灌溉施肥方式的表聚现象不明显。滴灌施肥条件下，夏玉米收获时土壤 NO_3^-－N 除 N3 处理主要聚集在 0～60cm 土层外，其他施氮处理主要还是聚集在 0～40cm 土层上，变化相对较小；但是常规漫灌施肥方式下，0～40cm 土层 NO_3^-－N 累积量占 0～100cm 的比例从 80%以上降低到了 60%以下，各层次土壤 NO_3^-－N 累积量均较高，直至 80～100cm 土层的 NO_3^-－N 累积量仍有 16.73kg ha^{-1}，存在继续往下淋失的风险。

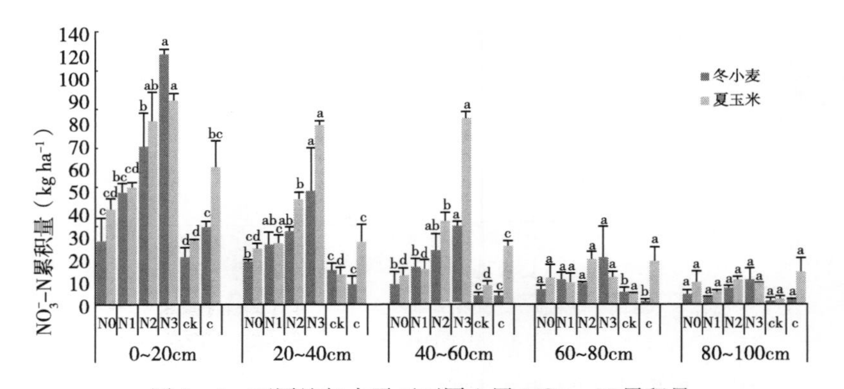

图 3－5　不同施氮水平下不同土层 NO_3^-－N 累积量

注：柱上不同小写字母表示同一深度下不同施氮量处理差异显著性（$P<0.05$）。

另外，不管在冬小麦收获后还是在夏玉米收获后，0～20cm、20～40cm 以及 40～60cm 土层内土壤剖面 NO_3^-－N 累积量均呈现出施氮量越高 NO_3^-－N 累积量越高的趋势。冬小麦和夏玉米收获后，0～20cm 土层不同施氮处理土壤 NO_3^-－N 累积量在 $P<0.05$ 水平下存在显著差异，20～40cm 和 40～60cm 土层中，施氮量差别较大时处理间差异显著，60～100cm 土层各处理间差异不显著。说明在滴灌施肥条件下，施氮量主要影响了 0～60cm 土层的 NO_3^-－N 累

积量，对 60～100cm 土层的影响不大。CK 处理各个层次土壤的下 NO_3^- －N 累积量均最低，且低于滴灌未施肥的 N0 处理，在冬小麦收获后常规 C 处理各层次土壤 NO_3^- －N 累积量均低于相同施氮量的 N3 处理，但是在夏玉米收获后底层（60～100cm）的 NO_3^- －N 累积量为常规漫灌处理高于滴灌施肥处理。这说明在夏玉米季漫灌施肥处理的 NO_3^- －N 往 60cm 以下运移并累积的数量高于滴灌施肥处理。

第三节　土壤-作物体系中表观氮素平衡

一、冬小麦生长期土壤表观氮素平衡

每次滴灌施肥后氮素在土壤中的运移分布特征和均匀程度将影响土壤-小麦体系的氮素平衡和氮素利用效率。在氮平衡计算中，考虑到小麦根系有效利用土壤氮的范围，将土壤无机氮所在层次定为 0～100cm 深度。冬小麦生长期，土壤有机氮矿化量相对较小，这可能是由于这个时期内降水量较少、不利于土壤矿化作用的发生。冬小麦季在土壤氮素矿化量加上起始无机氮的数量，土壤自身供氮量为 215.97kg ha^{-1}，总输入量随氮肥施用量的增加而增加。

在滴灌施肥条件下，作物吸氮量随施氮量的增加而增加，但是当施氮量增加到 N3 水平后，作物吸氮量不但没有增加，反而略有下降。常规漫灌施肥处理作物吸氮量与施氮量仅为其 35％的 N1 处理相当。滴灌施肥条件下，不施氮处理冬小麦收获后残留无机氮比播前减少了 74.07kg ha^{-1}，收获后 N_{min} 残留随施氮量的增加而增加，当施氮量为 270kg ha^{-1}时，残留量高达 262.70kg ha^{-1}，各处理的氮盈余均以 N_{min} 残留为主，尤其是 N3 处理，这部分氮素如不能为后茬作物有效吸收，将淋洗出 100cm 土体或通过反硝化途径损失。常规漫灌施肥处理冬小麦收获后 N_{min} 在 0～100cm 土层残留量远低于滴灌施肥处理，仅为 67.74kg ha^{-1}。

总体来说，滴灌施肥措施下冬小麦季各处理的表观损失量较低，介于 0～21.59kg ha^{-1}，与施氮量呈正相关关系（R^2 = 0.890），N1、N2 和 N3 的表观损失率分别为 0.84%、5.65%和 8.00%。而常规漫灌处理的表观损失量高达 228.58kg ha^{-1}，表观损失率为 84.66%，远高于滴灌施肥处理。

二、夏玉米生长期土壤表观氮素平衡

夏玉米生长期的土壤氮素平衡情况与冬小麦季有所不同。与冬小麦季相比，夏玉米生长季的氮素矿化量高于冬小麦生长季，矿化量达到 128.64kg ha^{-1}，这可能是因为夏玉米季降水量大促进了土壤矿化。

在夏玉米季，滴灌施肥处理作物吸氮量、夏玉米收获后土壤无机氮残留和氮素表观损失均与施氮量呈正相关关系。滴灌施肥处理夏玉米收获后 0～100cm 土层的无机氮残留量较冬小麦收获后增加较少，N1、N2 和 N3 分别增加了 0.31kg ha^{-1}、59.88kg ha^{-1}和 53.69kg ha^{-1}，常规漫灌处理的土壤无机氮残留增加量最大，增加了 102.73kg ha^{-1}。与冬小麦季不同，在夏玉米季滴灌施肥未能减少氮肥的表观损失，N1、N2 和 N3 处理的表观损失率分别为 70.86%、56.79% 和 62.39%，常规 C 处理的表观损失率为 58.46%，施氮量相同的 N3 处理氮肥表观损失率略高于常规 C 处理。

三、冬小麦-夏玉米轮作体系土壤表观氮素平衡

在整个冬小麦-夏玉米轮作体系中，滴灌施肥措施下土壤矿化量高于常规漫灌施肥处理，N2 和 N3 处理的作物吸氮量高于常规 C 处理（表 3-1）。总体来说滴灌处理冬小麦-夏玉米轮作体系的氮肥表观损失率低于漫灌处理，N1、N2、N3 和 C 的表观损失率分别为 40.36%、32.25%、37.91%和 70.25%，滴灌施肥措施下氮肥表观损失率平均为 37.35%。

表 3-1　冬小麦-夏玉米轮作体系 0～100cm 表观氮素平衡

单位：kg ha^{-1}

项目		处理					
		N0	N1	N2	N3	CK	C
冬小麦							
氮输入	①施氮量	0.00	94.50	189.00	270.00	0.00	270.00
	②播前 N_{min}	174.56	174.56	174.56	174.56	174.56	174.56
	③矿化	41.41	41.41	41.41	41.41	41.41	41.41
	总投入	215.97	310.47	404.97	485.97	215.97	485.97
氮输出	④作物吸收	137.31	185.71	228.61	201.68	123.01	189.65
	⑤残留 N_{min}	78.66	123.96	165.68	262.70	61.82	67.74
	⑥表观损失	—	0.80	10.67	21.59	31.14	228.58
	表观损失率（%）	—	0.84	5.65	8.00	—	84.66
夏玉米							
氮输入	①施氮量	0.00	116.00	231.00	330.00	0.00	330.00
	②播前 N_{min}	78.66	127.46	165.68	262.70	61.82	67.74
	③矿化	128.64	128.64	128.64	128.64	128.64	128.64
	总投入	207.30	372.10	525.32	721.34	207.30	372.10
氮输出	④作物吸收	113.21	162.13	168.58	199.06	108.74	163.00
	⑤残留 N_{min}	94.09	127.77	225.56	316.39	66.18	170.46
	⑥表观损失	0.00	82.20	131.18	205.88	15.54	192.91
	表观损失率（%）	—	70.86	56.79	62.39	—	58.46
冬小麦-夏玉米							
氮输入	①施氮量	0.00	210.50	420.00	600.00	0.00	600.00
	②播前 N_{min}	174.56	174.56	174.56	174.56	174.56	174.56
	③矿化	170.05	170.05	170.05	170.05	170.05	170.05
	总投入	344.61	555.11	764.61	944.61	344.61	944.61
氮输出	④作物吸收	250.52	347.84	397.19	400.74	231.75	352.65
	⑤残留 N_{min}	94.09	127.77	225.56	316.39	66.18	170.46
	⑥表观损失	0.00	79.50	141.86	227.48	46.68	421.49
	表观损失率（%）	—	37.77	33.78	37.91	—	70.25

第四节 氮素利用率

在冬小麦季，随着施氮量的增加籽粒产量呈现先增加后降低的趋势，施氮处理的籽粒产量显著高于不施氮处理，施氮量为 189kg ha^{-1}时籽粒产量最高（表 3-2）。综合氮肥吸收利用率、生理利用率、农学利用率和籽粒氮肥吸收利用率，最优的为 N2 处理。N2 处理的氮肥吸收利用率、生理利用率、农学利用率和籽粒氮肥吸收利用率各项氮肥利用效率指标值均显著高于常规漫灌 C 处理。

在夏玉米季滴灌施肥处理中，综合各项氮肥利用效率指标综合最优的是施氮量为 231kg ha^{-1}的 N2 处理（表 3-2），与冬小麦一致。滴灌施肥处理与漫灌处理对比可以看出，滴灌施肥处理的氮素吸收利用率和籽粒氮素吸收利用率高于漫灌处理，但是氮素生理利用率低于漫灌处理，最终其农学利用率未能较漫灌处理更高，反而还低于漫灌处理。

表 3-2 施氮量对冬小麦-夏玉米氮素利用率的影响

项目	处理					
	N0	N1	N2	N3	CK	C
冬小麦						
籽粒产量（kg ha^{-1}）	3 936.90	4 022.20	6 384.90	4 947.60	3 857.78	4 558.22
作物吸氮量（kg ha^{-1}）	137.31	185.71	228.61	201.68	123.01	189.65
籽粒吸氮量（kg ha^{-1}）	114.02	161.70	193.07	164.00	109.71	165.12
氮素吸收利用率（%）	—	51.22	48.31	23.84	—	24.68
氮素生理利用率（kg kg^{-1}）	—	1.76	26.81	15.70	—	10.51
氮素农学利用率（kg kg^{-1}）	—	0.90	12.95	3.74	—	2.59
籽粒氮素吸收利用率（%）	—	50.45	41.82	18.51	—	20.52

（续）

项目	处理					
	N0	N1	N2	N3	CK	C
夏玉米						
籽粒产量（kg ha^{-1}）	7 244.44	8 506.67	8 960.00	8 980.00	5 760.00	9 337.78
作物吸氮量（kg ha^{-1}）	113.21	156.67	174.97	199.06	108.74	163.00
籽粒吸氮量（kg ha^{-1}）	88.67	114.34	128.94	141.20	85.53	119.18
氮素吸收利用率（%）	—	37.46	24.90	26.02	—	16.44
氮素生理利用率（kg kg^{-1}）	—	16.01	27.78	20.22	—	65.94
氮素农学利用率（kg kg^{-1}）	—	6.00	6.92	5.26	—	10.84
籽粒氮素吸收利用率（%）	—	22.13	16.24	15.92	—	10.20

第五节 讨论与结论

对特定的土壤而言，影响滴灌施肥后氮素空间分布的主要因素是滴头流量、灌水量、肥液浓度和肥料种类等（李久生，2003；Haynes，1990）。李久生等（2002，2003，2004）利用硝酸铵（NH_4NO_3）肥料溶液在室内用15°扇柱体土箱模拟研究滴肥液浓度对沙壤土氮素运移分布规律的影响后认为，肥液浓度是影响 NO_3^--N 分布的主要因子，无论在径向还是垂直方向，NO_3^--N 在距滴头17.5cm范围内呈均匀分布，其浓度随肥液浓度的增加而增加，在湿润边界上 NO_3^--N 产生累积，比滴头周围高出50%以上，但是肥液浓度增加湿润峰附近的 NO_3^--N 浓度无明显增加。杨梦娇等（2013）通过在大田内按照不同施肥量模拟滴灌施肥发现，径向方向0～30cm NO_3^--N 平均含量逐渐减小，在湿润峰处未发现 NO_3^--N 累积现象。Haynes（1990）在果园用不同类型肥料进行滴灌施肥对比试验，结果表明施入硫酸铵后矿质氮主要集中在滴头下方的0～10cm土层内，横向运移量很小，施入尿素和硝酸盐后由于它在土壤中具有很好的流动性，矿质氮主要在滴头下方向下运移，横向运移至距离滴头半径 15cm 的湿润边界上，但是 3 种肥料灌溉后滴头下方的矿质氮含量均比湿润体边缘更高。本试验的结果表明，滴灌施肥后，垂直方向上 3 个处理硝态氮均在土体表面累积，而径向方向上随施氮量的增加，土壤 NO_3^- -N 从在湿润土体边缘聚集逐渐变化为在滴头下方聚集。参考上述研究成果，主要原因应该有三个，一是本试验中所施肥料的氮素来源是尿素和磷酸铵（$NH_4H_2PO_4$），两者在土壤中随水运移的规律有所不同，尿素滴施后有湿润土体边缘聚集的现象，而 $NH_4H_2PO_4$ 滴施后主要聚集在滴头下方，两者混合在滴头下方和湿润土体边缘的 NO_3^- -N 浓度有相互抵消的作用；二是大田试验中肥液的初始浓度远远高于实验室配置的肥液浓度，而肥液浓度越高，NO_3^- -N 在湿润边界聚集的比例越低，因此高肥液浓度也可能是 NO_3^- -N 没有在湿润土体边缘聚集的原因之一；三是本试验采用的是压差式施肥灌，肥液浓度随灌水逐渐降低，相关灌水量条件下，初始肥液浓度较低处理灌水后期浓度变得非常低，继续灌水会将滴头下方的 NO_3^- -N 带入土壤更深层次，从而降低了 U 点的 NO_3^- -N 含量。

本试验中 N2 处理试验结果是滴灌后径向方向上滴头下方和湿润土体边缘的 NO_3^- -N 含量没有显著性差异，均匀性最好，说明在滴灌施肥中合理的施肥量有利于提高滴灌后土壤养分的均匀性，促进作物对肥料的吸收。另外常规漫灌撒施肥料处理滴灌施肥后 40～100cm 土层的 NO_3^- -N 累积比例高于滴灌施肥处理，NO_3^- -N 深层淋失的风险更大。而从时间尺度来看，常规处理施氮一周内，NO_3^- -N 浓度在表层土壤的上升和下降幅度均高于滴灌施氮处理，一周后两种施肥方式下表层土壤的 NO_3^- -N 含量趋于一致，可以看出滴灌施肥措施保肥效果更佳。但是滴灌施氮处理的取样点位于作物中间，而滴灌后湿润范围为作物周围，因此该分析中 N3 取样点的位置有可能会影响试验结果。

在滴灌施肥措施下（氮肥种类为尿素），施氮量与土壤 NO_3^- -N

残留量成正比，作物收获期 NO_3^- -N 含量为表层土（0～20cm）最高，且在 0～100cm 剖面呈现降低的趋势，0～40cm 土层与 0～100cm 土层的相对 NO_3^- -N 累积量为 50%左右（井涛等，2012；姜慧敏等，2007）。本试验结果与上述研究结果基本一致，冬小麦收获后 0～40cm 土层 NO_3^- -N 累积量占 0～100cm 土层总量的比例最大，N0、N1、N2 和 N3 处理 0～40cm 土层所占比例分别为 66.15%、71.67%、71.54%和 70.67%，夏玉米生长季相应的比例分别为 65.87%、71.93%、65.46%和 61.86%，0～40cm 土层的比例高于上述研究成果，这应该与本试验中尿素与铵态氮肥混合有关，铵态氮肥更多被吸附在土壤表层，而后被硝化为 NO_3^- -N。

许多研究表明，当施氮量超出一定范围时，不利于后期植株氮素吸收，将不能促进作物对氮素的吸收，甚至降低作物吸氮量和产量（赵俊晔等，2006；韩燕来等，2007；林琪等，2004）。本书中，在冬小麦季，施氮量从 0 增加到 189kg ha^{-1}，冬小麦吸氮量和籽粒产量逐渐增加；当施氮量高于 189kg ha^{-1} 后，吸氮量和籽粒产量均有所下降。而 0～100cm 土层 NO_3^- -N 残留量、表观损失量随施氮量的增加持续增高，呈显著正相关关系（$R^2=0.890$，$R^2=0.926$）。连续种植作物的情况下，当季施氮量过高会造成对当季作物收获后土壤 NO_3^- -N 累积量高，随着作物种植，表层累积的 NO_3^- -N 有向下淋失的趋势（张学军等，2007a），本试验中 N3 处理 0～100cmNO_3^- -N 累积量高达 262.70kg ha^{-1}，在夏玉米季七八月雨季来临时存在很大的氮素淋失风险。因此在滴灌施肥条件下，合理地降低施氮量是减少 NO_3^- -N 残留、进而减少农业面源污染的直接和有效途径。

从试验区氮素平衡的结果可以看出，冬小麦季各滴灌施氮量处理的表观损失均较低，表观损失率介于 0.84%～8.00%，远低于本试验中的常规漫灌对照处理，也低于巨晓棠等（2002）在北京冬小麦大田试验得出的表观损失率 45%～56%的试验结果，主要原因应该是本试验滴灌量条件下，各处理养分主要分布在 0～60cm

范围内，减少了氮素的淋溶，从而减少了氮素表观损失率。但是与冬小麦季不同，在夏玉米季由于降水量大，滴灌施肥未能减少氮肥的表观损失。

目前来说，将整个轮作周期作为一个整体来考虑氮肥运筹的研究较少，更多的是只考虑冬小麦或夏玉米单季的氮肥运筹。但是事实上，在冬小麦季施入的氮肥有较大一部分在土壤中残留，在夏玉米施肥时如果不考虑这些残留氮肥的后效而施用高量的氮肥，在夏玉米季前期降水时，NO_3^- – N 就会淋溶到根区以外，不仅会引起玉米生长季氮肥的严重损失，还会造成地下水污染。本书在夏玉米苗期不施入氮肥，作物恰好可以利用小麦季残留的养分。

本章的主要结论如下：

第一，滴灌施肥后 NO_3^- – N 随水运移深度主要在 80cm 以上，0～40cm 土层的增加量显著高于其他层次，滴灌施肥后垂直方向上 NO_3^- – N 没有在湿润体边缘聚集。从单次对比结果来看，漫灌撒施氮肥后 NO_3^- – N 在 40～60cm 土层累积的比例远高于滴灌施氮处理，滴灌施入 20%的氮肥和漫灌撒施 56%氮肥 5 天后，表层土壤 NO_3^- – N 含量恢复到一致，滴灌施氮措施能够减少氮肥的损失。冬小麦和夏玉米收获后，0～100cm 土壤剖面 NO_3^- – N 累积量与施氮量呈正相关关系。常规漫灌施肥方式下，夏玉米季直至 80～100cm 土层的 NO_3^- – N 累积量仍有 16.73kg ha^{-1}，存在 NO_3^- – N 往下淋失的风险。

第二，随施氮量的增加，滴灌施肥后 NO_3^- – N 在湿润土体边缘聚集的现象越不明显的特征，N2 处理 U 点和 E 点的 NO_3^- – N 含量差异最小，湿润土体内土壤养分均匀度最高。滴灌施肥中合理的施肥量有利于提高滴灌后土壤养分的均匀性，促进作物对肥料的吸收。

第三，在冬小麦季滴灌施肥措施下各处理的表观损失量较低，介于 0～21.59kg ha^{-1}，与施氮量呈正相关关系（R^2=0.926），常规漫灌处理的表观损失率远高于滴灌施肥处理。与冬小麦季不同，在夏玉米季滴灌施肥未能减少氮肥的表观损失率。整个冬小麦-夏玉米轮作体系中，表观损失率最低的是 N2 处理，为 33.78%。综合各项氮素利用率指标来看，在冬小麦和夏玉米季最优的施氮量处理均为 N2 处理。

第四章　滴灌施肥对土壤一氧化二氮排放的影响

一氧化二氮（N_2O）在大气化学中起着重要的作用，它不但能产生温室效应，而且还能毁坏平流层中的臭氧层，对人类生存环境产生重大影响（Bronson et al.，1992）。农田土壤是 N_2O 重要排放源，全球有 60% 的 N_2O 排放来自农田土壤（Eduardo et al.，2013）。在农民习惯灌溉施肥条件下，华北平原冬小麦-夏玉米轮作系统年 N_2O 排放总量高达 4.1～7.6kg N ha^{-1}（邱建军等，2012；裴淑玮等，2012）。而对于华北平原应用滴灌施肥一体化措施下的 N_2O 排放规律尚不明确，探明滴灌施肥措施下华北平原冬小麦-夏玉米农田土壤 N_2O 的排放特征，对于全面研究滴灌施肥在华北平原典型农田应用的环境效应具有重要意义。本书通过田间原位试验动态监测了滴灌施肥不同施氮水平下 2012—2013 年冬小麦-夏玉米轮作期供试农田土壤 N_2O 排放及相关环境因素。本章将以田间观测结果为主体，系统分析滴灌施肥条件下农田土壤 N_2O 季节排放特征、排放量、排放系数和排放强度。

第一节　气象因子与土壤理化性状的变化

研究期间 10cm 土壤温度与空气温度呈现相同的规律，一般情况下 10cm 土壤温度介于最高温度与最低温度之间，而冬季地表温度略高于最高气温。日均 10cm 土壤温度变化范围为－2.63～33.05℃，平均 14.99℃；日均气温从－16.56℃上升到 32.45℃，平均 7.95℃。在此期间累积降水量为 726.8mm，属于平水年，降水主要集中在玉米生长季的七八月，占累积降水量的 66.98%，最大降水量出现在 2013 年 7 月 26 日（图 4－1）。其中冬小麦季平均 10cm 土壤温度为 9.21℃，日均气温平均值为 6.57℃，累积降水量 149.8mm；夏玉米季平均 10cm 土壤温度为 27.20℃，日均气温平均值为 25.71℃，累积降水量 577mm。

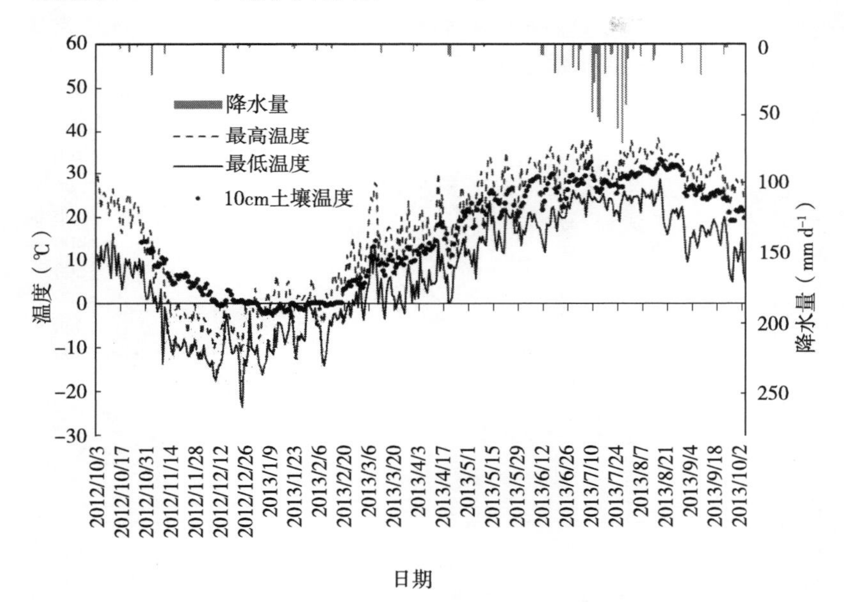

图 4－1　试验地点最高气温、最低气温、土壤温度（10cm）及降水量

WFPS 是由降水/灌溉进入土壤的水和蒸散/排水综合作用平衡的结果，是影响农田土壤 N_2O 排放的重要因子之一。图 4－2 是各处理在研究期间土壤 WFPS（0～10cm）的动态变化（2012 年 10 月 3 日至 2013 年 4 月 6 日由于仪器故障未检测）。N0～N3 这 4 个滴灌施肥处理由于灌溉时间和灌溉量均一致，所以在研究期间土壤 WFPS 呈相似的变化规律，均表现出灌溉后 WFPS 迅速上升，之后逐渐下降。少量多次灌溉保证了整个生长季土壤水分波动较小。由于冬小麦季分蘖期未灌水，土壤 WFPS 最低点出现在 2013 年 4 月 26 日至 5 月 4 日，4 月 26 日测定的平均 WFPS 为 45.41％，整个研究期间 WFPS 基本维持在 50％～80％，最高和最低 WFPS 差

为 33.18%。常规灌溉的 C 和 CK 处理由于灌溉次数少，灌溉时间间隔长，WFPS 波动更大，其中 C 和 CK 处理最高和最低 WFPS 差分别为 63.77%和 64.67%，WFPS 最低值都出现在 2013 年 5 月 17 日，分别为 20.46%和 17.31%。CK 处理由于作物长势差，水分吸收较少，WFPS 略高于常规处理。总体来说，滴灌处理比常规漫灌处理 WFPS 变化幅度更低。

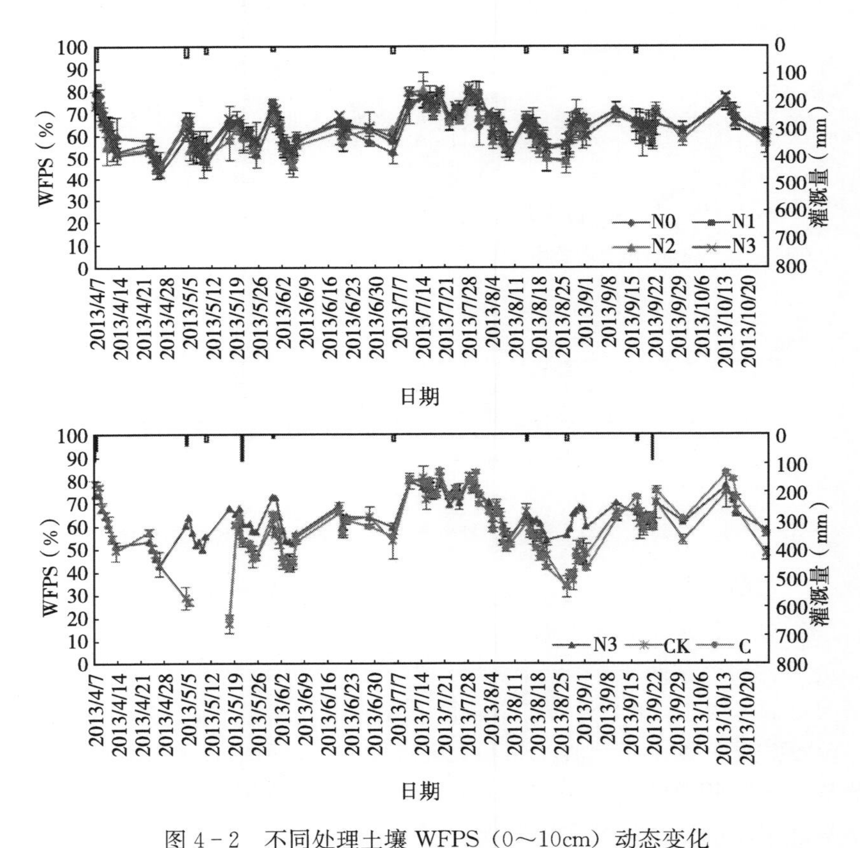

图 4-2　不同处理土壤 WFPS（0～10cm）动态变化

注：空心竖线表示滴灌事件，实心竖线标示常规灌溉事件，数据为平均值±标准差（$n=3$）。

图 4-3 是研究期间各处理 0～10cm 土壤 NO_3^--N 含量动态变化(2012 年 10 月 3 日至 2013 年 4 月 6 日由于样品丢失未检测)，由于检测结果显示铵态氮含量极低，因此本章仅分析 NO_3^--N 变化规律。在滴灌施肥各处理中，每次滴灌施氮后各处理土壤 NO_3^--N 含量一般呈现增加趋势，其中施肥量最高的 N3 处理每次滴灌施氮后土壤 NO_3^--N 含量增加幅度最大。夏玉米生长季期间 N3 处理的土壤 NO_3^--N 含量高于冬小麦生长季，由上一章的研究结果可以推断这可能是因为 N3 处理冬小麦收获后土壤 NO_3^--N 累积量较高，还没有被作物吸收又施入了新的氮肥，从而导致其含量持续增高。与常规对照相比，滴灌处理氮肥施用以后土壤 NO_3^--N 含

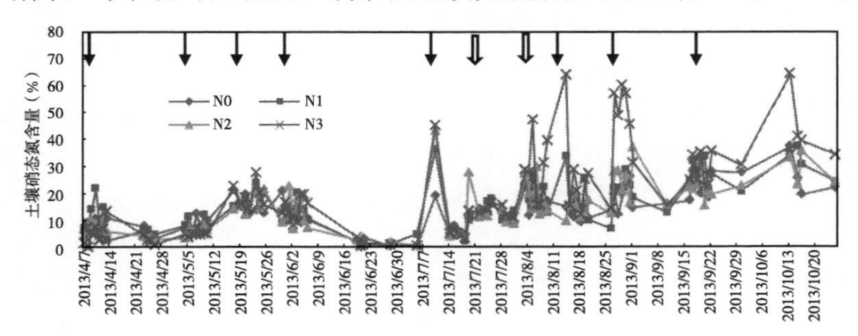

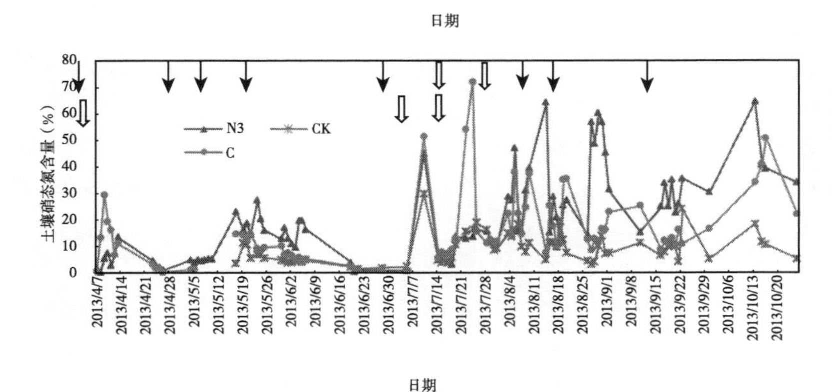

图 4-3　不同处理土壤 NO_3^--N 含量（0～10cm）动态变化

注：实心箭头表示滴灌施肥事件，空心箭头标示常规施肥事件。

量增加幅度低于常规处理，主要原因是滴灌施肥处理每次施入氮肥量低于常规处理，同时滴灌施肥过程持续时间较长（一般为36h左右），且氮肥直接随水施入作物根区，在滴灌施肥过程中作物就可以大量吸收施入的氮素，整个生育期中滴灌施肥处理表层土壤 NO_3^- －N 波动幅度比漫灌撒施处理更小。CK 处理由于在整个研究期间未施用氮肥，因此监测到的土壤 NO_3^- －N 含量一直保持较低水平，未能监测到峰值。

第二节　N_2O 排放季节特征

在研究期间，N0 处理由于只是滴灌但不随水施入氮肥，在整个研究期间 N_2O 排放通量均较低，平均为 15.33μg N m^{-2} h^{-1}，每次滴灌后可能是由于灌溉水带入氮而产生非常低的上升波动，7 月雨季可能是由于降雨带入的氮素和土壤中本身残留的无机氮而产生较高的上升波动。N1、N2 和 N3 处理中 N_2O 排放特征基本一致，均表现为滴灌或滴灌施肥或强降雨后出现 N_2O 排放上升波动。N1 处理共出现了 3 次 N_2O 较强排放峰，最大的排放峰出现在夏玉米小喇叭口期撒肥，并发生强降雨后的 2013 年 7 月 22 日，排放通量为 172.55μg N m^{-2} h^{-1}；N2 处理共出现了 5 次较强排放峰，最大的排放峰同样出现在 2013 年 7 月 22 日，排放通量为 213.49μg N m^{-2} h^{-1}；N3 处理共出现了 5 次较强排放峰，最大的排放峰出现在夏玉米拔节期滴灌施肥后连续强降雨的 2013 年 7 月 1 日，排放通量为 266.72μg N m^{-2} h^{-1}，7 月 22 日同样出现了较强排放峰，排放通量为 163.99μg N $m^{-2}h^{-1}$。在所有滴灌施肥处理中，100μg N m^{-2} h^{-1}以上的 N_2O 释放峰均发生在夏玉米时期。

常规 C 处理在研究期间共出现 5 次 N_2O 排放脉冲，最大排放峰出现在追肥并连续强降雨之后的 2013 年 7 月 24 日和 7 月 30 日，排放通量分别为 463.99μg N m^{-2} h^{-1}和 314.03μg N m^{-2} h^{-1}，但是由于采气日期主要根据滴灌施肥时间来确定，因此常规处理有可能错过某些排放峰。CK 处理只灌溉不施入氮肥，N_2O 排放通量平均为 19.161μg N m^{-2} h^{-1}，在整个研究期间 N_2O 排放通量特征与 N0 处理相似。

总体来看，滴灌施肥措施下各施氮处理整体 N_2O 排放通量较低，滴灌施肥和滴灌措施会对 N_2O 排放产生影响，滴灌施肥或滴灌后 N_2O 排放均会出现上升式波动，上升波动时间一般有 3～5 天，但是波动幅度均较小，较大的 N_2O 排放峰主要出现在了玉米生长季降雨集中、温度较高、撒施肥料的 7 月（图 4－4），这可能是因为滴灌施肥管理为少量多次灌溉施肥措施，每次施肥比例很小，因此单次灌溉施肥或灌溉后并未产生强排放，另外滴灌施肥后取样箱内湿润土体的面积只有 60％～70％，而强降雨后滴灌施肥处理小区全部区域内均被湿润，土壤内累积的 NO_3^-－N 在强降雨后发生了反硝化作用，从而产生并排放了较多的 N_2O。滴灌施肥与常规漫灌施肥处理对比，均表现出灌溉、施肥和将降雨后产生 N_2O 排放峰的规律，滴灌施肥处理的排放峰强度和持续时间明显低于常规漫灌施肥处理，但是由于滴灌施肥次数较多，与漫灌施肥处理相比研究期间排放峰出现次数差异不大。

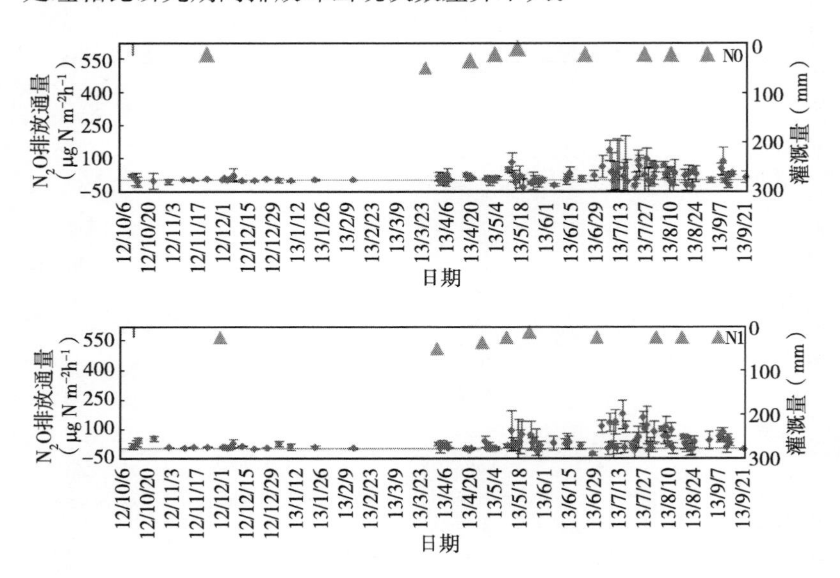

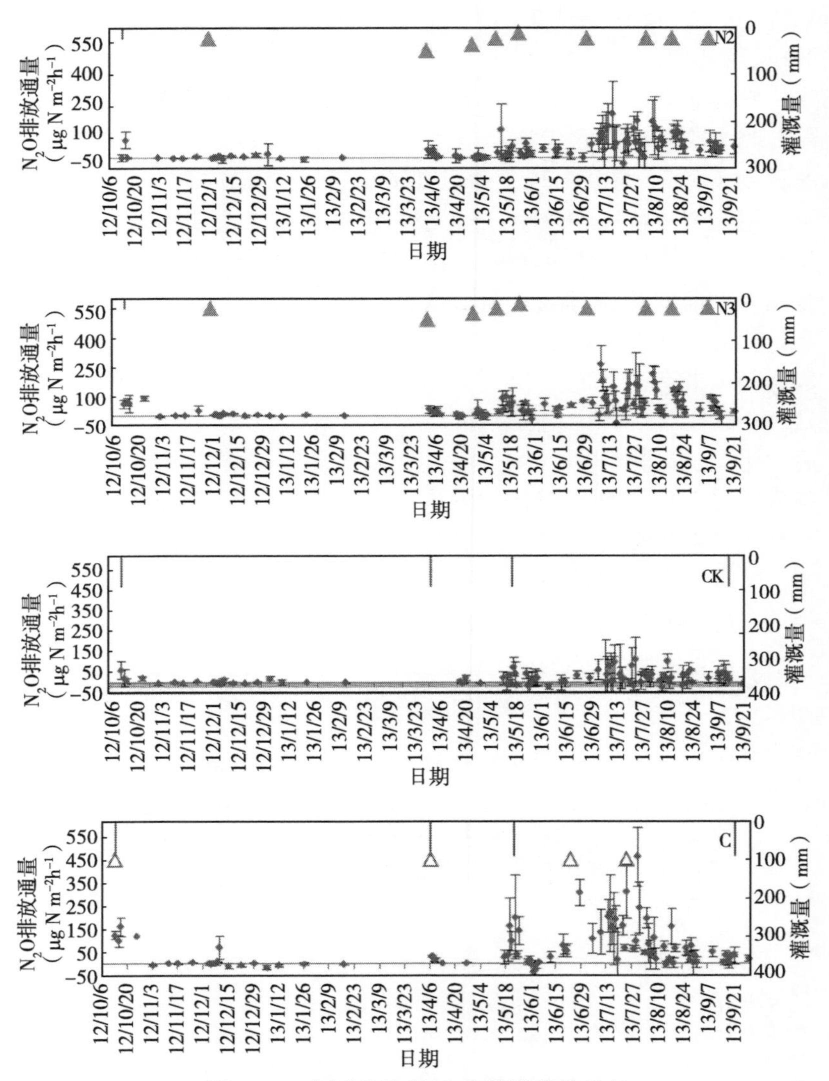

图 4-4　各试验处理 N_2O 排放季节动态

注：实心三角形箭头表示滴灌施肥日期，空心三角形表示漫灌撒肥日期，竖线表示仅灌溉日期。数据为平均值±标准差（$n=3$）。

另外，在冬小麦生长季中温度较低的时期（2012 年 11 月 10 日至 2013 年 2 月 1 日），每天的平均气温基本上都是 0℃水平以下，2012 年 12 月 1 日施肥后 N1、N2 和 N3 上均未产生大的 N_2O 排放波动峰，3 个处理的最高排放都低于 10μg N m^{-2} h^{-1}，2013 年 2 月 1 日至 5 月 10 日，每日的平均气温基本在 15℃以下，4 月 6 日和 5 月 1 日两次的滴灌施肥导致了 3 个处理有轻微排放波动，但都低于 50μg N m^{-2} h^{-1}。而之后 2013 年 5 月 10 日至 10 月 1 日每日的平均气温几乎都在 20℃以上，这期间发生的几次滴灌施肥和肥料撒施事件后农田土壤都释放出了 100μg N m^{-2} h^{-1}左右的排放波动峰。这说明滴灌施肥后 N_2O 排放规律与温度有很大关系。

第三节　N_2O 累积释放量及排放系数

2012—2013 年冬小麦和夏玉米生长季不同施氮措施下供试农田土壤 N_2O 排放季节总量如图 4 - 5 所示，总体来说夏玉米季的 N_2O 排放总量高于冬小麦季，滴灌施肥处理中 N0、N1、N2 和 N3

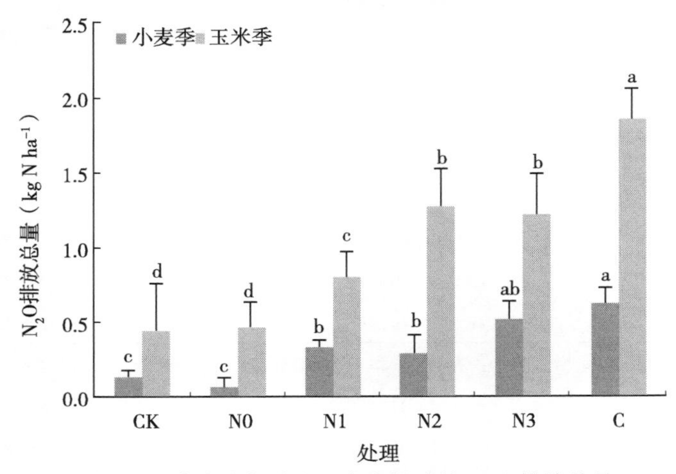

图 4 - 5　小麦生长季和玉米生长季的 N_2O 排放总量

注：柱上不同小写字母表示同一深度下不同施氮量处理差异显著性（$P<0.05$）。

各处理下2012—2013年夏玉米季N_2O排放量占年度量的比例分别为87%、70%、81%和70%，农民常规C处理中夏玉米季所占比例为75%，不施氮常规灌溉CK处理中夏玉米季所占比例为77%，所有处理中夏玉米季N_2O排放总量所占的比例均在70%以上。

2012—2013年不同施氮措施下供试农田土壤N_2O排放季节总量如表4-1所列。滴灌施肥管理措施下，不同施氮水平N0、N1、N2和N3各处理下2012—2013年N_2O排放总量分别为（0.53±0.12）kg N ha^{-1}、（1.14±0.10）kg N ha^{-1}、（1.56±0.19）kg N ha^{-1}和（1.73±0.19）kg N ha^{-1}。常规灌溉施肥管理措施下，C和CK处理下2012—2013年N_2O排放总量分别为（2.48±0.24）kg N ha^{-1}和（0.58±0.12）kg N ha^{-1}。滴灌施肥处理中，施氮处理下供试农田土壤N_2O排放季节总量显著高于不施氮N0处理，也显著低于常规漫灌不施氮处理。N3处理与常规C处理施氮量相同，2012—2013年N_2O排放总量N3处理比C处理低（0.75±0.12）kg N ha^{-1}，滴灌施肥比常规灌溉施肥能减少43%的N_2O排放。

表4-1 不同施肥处理N_2O排放总量、直接排放系数和排放强度

处理	施氮量（kg N ha^{-1} yr^{-1}）	N_2O（kg N ha^{-1}）	EF_d（%）	产量（干重）（t ha^{-1}）	排放强度（kg N t^{-1}）
CK	0	(0.58±0.12)d		(10.32±043)c	(0.07±0.03)c
N0	0	(0.53±0.12)d		(12.60±0.23)bc	(0.07±0.02)c
N1	210	(1.14±0.10)c	(0.27±0.06)	(13.63±0.99)ab	(0.14±0.02)b
N2	420	(1.56±0.19)bc	(0.23±0.03)	(15.35±0.56)a	(0.16±0.02)b
N3	600	(1.73±0.19)b	(0.19±0.01)	(15.43±0.8)a	(0.19±0.02)b
C	600	(2.48±0.24)a	(0.32±0.03)	(15.22±1.12)a	(0.27±0.03)a

注：EF_d指的是年度N_2O直接排放系数。表格中不同小写字母代表统计显著性差异（$P<0.05$）。

施用氮肥的年N_2O直接排放系数（即当年N_2O排放所致的肥料氮损失率，表示为EF_d），既是估算区域N_2O排放量的关键参数，也是评价不同田间管理措施减排效果的参考指标，IPCC

（2006）为温室气体排放清单编制提供的 N_2O-N 排放系数默认值为 1.0%。根据不同滴灌施氮（N0、N1、N2、N3）、对照（CK）和常规处理（C）的 N_2O 季节排放总量和氮肥施用量估算 2012—2013 年 N_2O 直接排放系数（表 4-1）。N1、N2、N3 处理下的直接排放系数分别为 0.27%、0.23%和 0.19%，常规 C 处理下的直接排放系数为 0.32%。基于所有滴灌施氮处理年度 N_2O 排放量与施氮量的经验回归方程确定的 2012—2013 年直接排放系数为 0.20%（图 4-6），远低于 IPCC 的默认值。排放强度是指形成单位经济产量的 N_2O 排放量。N0、N1、N2、N3 处理下的排放强度分别为（0.07±0.02）kg N t^{-1}、（0.14±0.02）kg N t^{-1}、（0.16±0.02）kg N t^{-1} 和（0.19±0.01）kg N t^{-1}，对照 CK 和常规 C 处理下的排放强度分别为（0.07±0.03）kg N t^{-1} 和（0.27±0.03）kg N t^{-1}（表 4-1）。

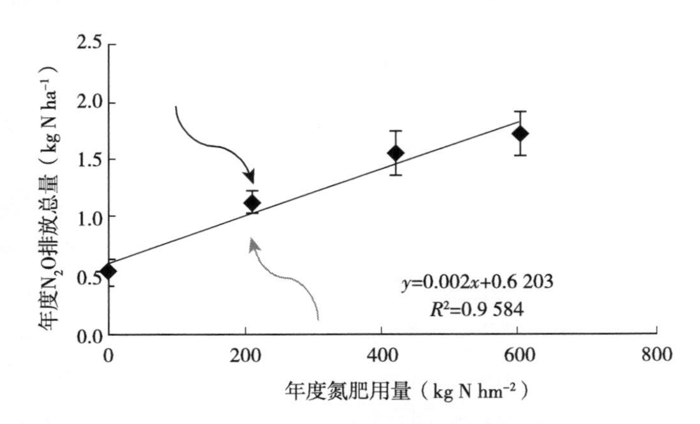

图 4-6　滴灌施肥条件下年度 N_2O 排放量随施氮量的变化

注：数据为平均值±标准差（n=3）。

滴灌施肥措施可以减少农田 N_2O 直接排放系数和排放强度，平均直接排放系数和排放强度分别为 0.23%和 0.14kg N t^{-1}，分别比常规减少了 27%和 47%。这说明采取滴灌施肥措施可以减少 N_2O 直接排放系数和排放强度，达到温室气体减排和保障产量的双重目标。

第四节　温度、水分及土壤 NO_3^- -N 含量对 N_2O 排放的影响

N_2O 排放是温度、氧气和反应底物浓度以及传输过程交互作用的结果（齐玉春，董云社，1999）。因此影响这几个方面的因素均能影响土壤 N_2O 排放，土壤温度、土壤含水量和土壤 NO_3^- -N 含量是影响土壤 N_2O 排放的主要因素。土壤 NO_3^- -N 含量、土壤 WFPS 及土壤温度 3 个影响因素与滴灌施肥条件下不同施氮处理 N0、N1、N2、N3 处理和常规灌溉条件下 C、CK 处理的 N_2O 排放相关性如表 4-2 所示。在滴灌施肥措施下，不同施氮水平的 N1、N2、N3 处理与表层土壤 NO_3^- -N 含量、WFPS 及温度都呈正显著相关关系，其中施氮量较少的 N1 和 N2 处理中 N_2O 排放和土壤 NO_3^- -N 含量在 0.05 水平呈正显著相关关系，N3 处理中 N_2O 排放和土壤 NO_3^- -N 含量在 0.01 水平呈正显著相关关系。N_2O 排放与土壤 WFPS 的相关性除 N1 为 0.05 水平外，N2、N3 均为在 0.01 水平呈正显著相关关系。N0 处理由于滴灌没有施氮，所以 N_2O 排放与土壤 NO_3^- -N 含量相关性不显著，与土壤 WFPS 在 0.05 水平呈正显著相关关系。而所有滴灌施肥处理中 N_2O 排放均与 5cm 土壤温度在 0.01 水平呈正显著相关关系。常规灌溉的 C 处理与土壤 WFPS 和 5cm 温度均在 0.01 水平呈正显著相关关系，但是与土壤 NO_3^- -N 含量相关性不显著，这可能是由于本试验中取样时间主要在滴灌事件后连续取样，而当常规灌溉或施肥事件发生后气体取样跟进不够，可能导致错过了 1～2 个 N_2O 排放高峰，从而使得土壤 NO_3^- -N 含量与 N_2O 排放的相关性受到影响。不施氮的 CK 处理中 N_2O 排放和土壤 NO_3^- -N 含量在 0.05 水平呈正显著相关关系，同样与 5cm 土壤温度的相关性最显著。总体来看，表层土壤温度、WFPS 和 NO_3^- -N 含量都显著影响了滴灌施肥条件下农田土壤的 N_2O 排放。

表 4-2　土壤 NO_3^--N 含量、WFPS 及土壤温度与 N_2O 通量的相关性

因素	N0	N1	N2	N3	C	CK
NO_3^--N	0.006	0.275*	0.284*	0.293**	0.022	0.269*
WFPS	0.251*	0.251*	0.357**	0.365**	0.426**	0.239*
$T_{(5cm)}$	0.355**	0.437**	0.590**	0.555**	0.446**	0.383**
N	82	82	82	81	64	64

注：* 在 0.05 水平（双侧）上显著相关，** 在 0.01 水平（双侧）上显著相关。*N* 代表样品数量。

第五节　讨论与结论

一、N_2O 排放总量

本试验结果表明，滴灌施肥处理可以减少周年 N_2O 排放总量。相同施肥量条件下，滴灌和常规漫灌 N_2O 排放系数分别为 0.19% 和 0.32%。Taryn 等（2013）在番茄-小麦轮作大田的研究结果也表明，地下滴灌＋少耕的综合管理措施可以减少 N_2O 排放，排放系数分别为 0.29%和 0.85%（未经过背景排放值校正）。本书发现滴灌施肥措施与常规漫灌施肥相比，能减少 43%的 N_2O 排放，与 Sánchez 等（2008，2010）和 Taryn 等（2013）观测到的地下滴灌方式比漫灌方式减少了 30%～70%的 N_2O 排放、地下滴灌施肥比地表滴灌施肥能够减少 7.5%的 N_2O 排放的研究结果一致。前人的很多研究都表明，滴灌施肥可以减少 N_2O 的排放，其原因主要有：①滴灌条件下不完全湿润的土壤湿润模式和持续稳定的土壤湿度状态；②直接施到作物根区的施肥位置和水肥一体化的施肥方式；③较高的施肥频率和每次较低的施肥比例；④更高的作物吸氮效率。本书中滴灌施肥措施产生的 N_2O 减排效果应该也是这些原因综合影响的结果。

二、降雨对 N_2O 排放的影响

Cynthia 等（2010）发现地下滴灌处理下作物生长季土壤活性有机质和无机氮在土壤水分限制的情况下可能潜在的分散在土壤表层。在生长季中，地下滴灌处理下垄上土壤表层土以下是湿润的，但是表土是非常干的，雨季中地下滴灌处理的 N_2O 排放大量增加，不仅是因为雨季提高了土壤微生物活性，使得土壤干湿交替，还因为水的渗透破坏了土壤结构而使被保护在土壤团聚体中的碳被释放出来了（Fierer and Schimel，2002）。本书中滴灌施肥措施下土壤 N_2O 排放也出现了到雨季突然大大加大的现象，这可能是由于在降水量很少的冬小麦季，滴灌施肥土壤只有 60%～70%的土壤是湿润的，但是其他地方是非常干的，湿润土体周围也累积了很多 NO_3^- -N，所以当雨季到来时提高了土壤微生物活性，同时因为破坏了土壤结构而使被保护在土壤团聚体中的碳被释放，大大促进了土壤 N_2O 的排放。

三、氮素累积与转化对 N_2O 排放的影响

对比试验结果中 N1、N2 和 N3 中夏玉米季所占比例关系来看，N2 处理中夏玉米季所占比例最大，达到 81%，也就是说冬小麦季所占比例较少；N1 和 N3 处理夏玉米季所占比例一致，均为 70%。N2 处理在降水量少的冬小麦季减排效果最明显，笔者推测这是否和上一章研究中发现的滴灌施肥后 N2 处理中土壤中 NO_3^- -N 的水平分布最为均匀，而 N1 和 N3 分布不均匀有关。从不同环境因子与 N_2O 排放的关系对比来看，土壤 NO_3^- -N 含量的相关显著性相对较低，这个原因可能是土壤和气体取样很难准确反应 N_2O 反应底物和排放的时空差异，不能连续破坏性地从同一个地方取土壤样品，也在不同取样箱内取土样，取样的间隔时间尺度也远比微生物环境产生 N_2O 的时间尺度大（Taryn et al.，2013）。当微生物氮转化速率很高的时候，NH_4^+ 和 NO_3^- 一天内要转换很多次，导致氮底物的可获得性很难被量化（Jackson et al.，2008）。

本章的主要结论如下：

第一，滴灌施肥措施下各施氮处理整体 N_2O 排放通量较低。每次滴灌施肥或滴灌后 N_2O 排放均会出现上升式波动，上升波动时间一般大约有 3～5d，但是波动幅度均较小。较大的 N_2O 排放峰出现在了玉米生长季降雨集中、温度较高、撒施肥料的 7 月。滴灌施肥处理的排放峰强度和持续时间明显低于常规漫灌施肥处理，但是由于滴灌施肥次数较多，研究期间排放峰出现次数差异不大。

第二，滴灌施肥 N3 处理与常规漫灌施肥 C 处理施氮量相同，但是 2012—2013 年 N_2O 排放总量 N3 处理比 C 处理低（0.75±0.12）kg N ha^{-1}，滴灌施肥比常规灌溉施氮能减少 43%的 N_2O 排放。所有处理中夏玉米季 N_2O 排放总量所占的比例均在 70%以上。

第三，滴灌施肥措施可以减少农田 N_2O 直接排放系数和排放强度，平均直接排放系数和排放强度分别为 0.23%和 0.14kg N t^{-1}，分别比常规耕种减少了 27%和 47%。这说明采取滴灌施肥措施可以减少 N_2O 直接排放系数和排放强度，达到温室气体减排的目标。表层土壤 NO_3^-－N 含量、WFPS 和温度都显著影响了滴灌施肥条件下农田土壤的 N_2O 排放。

第五章　DNDC 模型水肥一体化模块有效化与措施优化研究

模型是模拟研究农田管理措施和气候变化对农业影响的强大工具，越来越被世界各地广泛应用（Sarah et al.，2014）。DNDC 模型能够定量模拟不同管理措施对农田生态系统碳氮循环过程的影响。水肥一体化技术是一种具有节水、节肥、增产、减排等多种应用效果的新技术，利用模型全面模拟预测水肥一体化对作物产量、温室气体排放、土壤硝态氮累积的影响能够有效弥补田间试验的各种局限性。但是目前应用 DNDC 模型进行水肥一体化模拟研究的人还很少，DNDC 模型水肥一体化模块尚不完善，校正和验证是应用模型进行下一步研究的必要条件。同时华北平原缺乏能够推广应用的滴灌施肥一体化管理措施。本书在利用实测资料对 DNDC 模型水肥一体化模块进行校正和验证的基础上，应用 DNDC 模型进一步评价滴灌施肥措施对华北平原冬小麦-夏玉米种植系统作物产量和温室气体排放的影响，进而多目标优化适用于华北平原的滴灌施肥技术。

第一节　DNDC 模型系统概述

DNDC（DeNitrification - DeComposition）模型最早是由美国 New Hampshire 大学创建并发展起来的用来模拟土壤碳、氮循环过程的机理模型（Li et al.，1992）。该模型可以用来模拟碳、氮等元素在土壤—植被—大气之间的迁移转化等过程，该模型不仅能进行点位模拟，还可以进行区域尺度的模拟，目前在世界范围内被广泛应用（Qiu et al.，2005；Smith et al.，1997；Li et al.，

2002)。为了适用于不同生态系统的模拟，模型还发展了 Forest - DNDC 和 Manure - DNDC 两个版本，用来模拟森林生态系统和畜牧养殖生态系统。

DNDC 模型由模拟土壤气候、农作物生长、有机质分解、硝化、反硝化和发酵过程的 6 个子模型构成（图 5 - 1）。其中，“土壤气候子模型”基于一系列土壤物理函数，根据输入的逐日气象数据和土壤、植物条件计算各土壤剖面的温度、湿度、氧气含量、pH 和氧化还原电位；“农作物生长子模型”根据作物种类、作物轮作系统、作物生理特征、日辐射、气温、土壤水分、土壤剖面氮含量和农田播种、翻耕、灌溉、施肥、收割等管理措施来计算光合作用、自氧呼吸、水分及氮吸收，从而在整个生态系统中模拟作物的生长和收获；“有机质分解子模型”追踪秸秆、枯枝落叶、根等植物残体及施入的有机肥的分解过程，分解后部分有机碳转化为 CO_2 进入大气，部分转化为 DOC 继续参与土壤中的 C、N 循环过

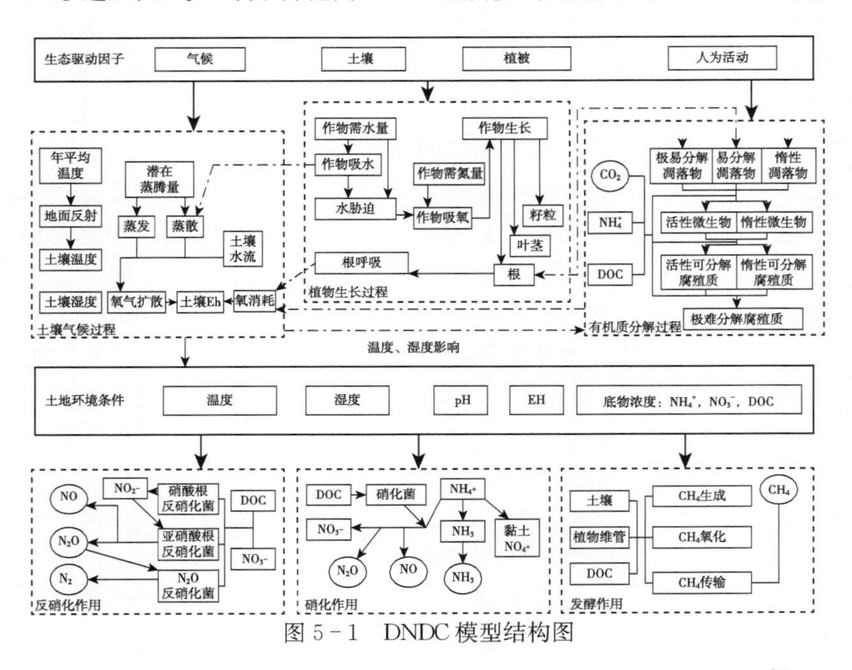

图 5 - 1 DNDC 模型结构图

程或通过淋溶损失掉，剩余的部分有的转化成微生物的生物量，有的最终成为腐殖质累积于土壤中。硝化、反硝化和发酵 3 个子模型主要根据土壤反应底物、土壤温度、土壤湿度、pH、Eh、DOC 等环境因子计算土壤剖面各层硝化、反硝化和发酵过程的速率，从而计算 NO、N_2O、N_2 等含氮气体和 CH_4 的排放。

这 6 个子模型分别以小时或日为时间步长进行模拟，相互配合，追踪不同气象、作物类型、土壤和管理环境条件下作物—土壤系统中碳、氮迁移和转化过程。模型所有的函数方程式一部分由物理学、化学或生物学的基本理论导出，另外一部分引用实验室模拟实验的结果，具体结构和反应方程式可参考文献（Li et al.，1992a，1994，2002，2004）。

DNDC 模型能实现点位尺度（田间尺度）和区域尺度的生物地球化学过程模拟。当进行点位模拟时，需要输入该地点的气象和土壤等参数，主要输入数据如表 5－1 所示，包括地理位置、气象、土壤、作物和管理 5 个方面。DNDC 读入所有输入参数后，即开始模拟运转，如需要进行多年模拟则需要相应地输入多年气象数据，并设定多年轮作模式。区域模拟是在点位模拟的基础上进一步扩展的，即根据数据情况和模拟需求将模拟区域划分为一个一个的小单元，并且假定每个单元内部是均匀的。DNDC 对区域内的每个单元逐一进行模拟，最后叠加的结果即为区域模拟的结果。理论上划分的单元越小，模拟精度越高。本书中这些输入数据源于田间记录或观测以及田间气象站监测。DNDC 模型主要输出土壤物理、土壤化学、作物、气体排放等方面的动态数据（表 5－2）。本书主要应用土壤 N_2O 排放、土壤 NO_3^-－N 累积及作物产量数据进行综合分析。

表 5－1　DNDC 模型主要输入数据

类别	输入变量（单位）
地理位置	模拟地点名称、经纬度（°）、模拟的时间尺度
气象	日最高/最低气温（℃）、日降水量（cm）、大气中 NH_3 和 CO_2 的年增长速率、降水中的 NO_3^-－N 和 NH4$^+$－N 含量

（续）

类别	输入变量（单位）
土壤	土壤质地、容重、黏粒含量、粗石含量、pH、有机质含量、硝态氮和铵态氮含量、土壤水文参数等
作物	作物种类、植物生理参数、最优产量、复种或轮作类型等
管理	秸秆还田、肥料（化肥、有机肥、水肥一体化）管理、灌溉管理、淹/排水管理、翻耕、覆膜、温室大棚、除草措施、放牧等

表5-2 DNDC模型主要输出数据

类别	输出变量
土壤物理	逐日变化的土壤各剖面（0～50cm）温度和湿度、蒸散、pH、Eh等
土壤化学	每日及全年土壤各库碳、氮含量及变化，有机质分解速率，碳、氮流失等
作物	每日及全年生长动态，生物量及其在根、茎、叶、籽粒中的分配，水分、养分吸收，作物产量等
气体排放	CO_2、CH_4、N_2O、NO、N_2、NH_3的日排放通量与全年排放总量

第二节 DNDC模型水肥一体化模块参数改进与校正

灌溉是将天然降水之外的额外水分引入农田，以满足农作物对水分的需求。灌溉水不能百分之百地被作物吸收，因此需要发展不同的灌溉方法以提高灌溉水的利用效率。灌溉效率是指作物对灌溉水的吸收效率。不同灌溉方法导致灌溉水在土体的空间分布不同。灌溉水与植物根系在土壤空间分布上的关系是影响吸收效率的主要因素。DNDC模拟灌溉对土壤湿度和作物的影响基于3个灌溉参数，即灌溉日期、灌溉水量和灌溉方法。

DNDC用两种不同的方法来定义灌溉：灌溉事件法和灌溉系

数法。在灌溉事件法中，每一灌溉事件相当于一个降雨事件，用户需定义每次灌溉事件的日期、水量和灌溉方法。在灌溉系数法中，DNDC 在模拟过程中监视每日作物的水分吸收情况，一旦出现水胁迫，DNDC 将计算出缺水的数量，并根据不同灌溉方法的既定效率数值，确定该日的灌溉水量。

对于旱地农业，DNDC 模拟的基本灌溉方法包括漫灌（furrow irrigation）、喷灌（sprinkler irrigation）、地上滴灌（surface drip irrigation）和地下滴灌（subsurface drip irrigation）。在 DNDC 中，这些灌溉方法通过水投放深度、灌溉强度和植根近水系数来表征。这些参数的数值列于表 5-3 中。

表 5-3　DNDC 模拟的灌溉方法表征参数

灌溉方法	灌溉水投放深度（cm）	灌溉强度（hr^{-1}）	植根近水系数
漫灌	0	1	0.15
喷灌	0	0.083	0.5
地上滴灌	0	0.042	0.75
地下滴灌	15	0.042	1

灌溉水投放深度影响灌溉水的蒸发量，投放在地表的灌溉水有较多蒸发损失。灌溉强度影响灌溉水在土体中的渗流速率，在同样灌溉水量的条件下，灌溉强度较小的灌溉方法将使土壤较长时间处于湿润状态。植根近水系数代表植物根系对灌溉水的接近程度，如滴灌的管道铺设使灌溉水集中的植根周围，在同样灌溉水量的情况下，较大比例的灌溉水可以被植物所吸收。DNDC 利用用户定义的灌溉方法和灌溉水量来确定灌溉深度、灌溉强度和灌溉持续时间。在每日植物吸收之后，剩余的灌溉水量成为土壤水的一部分，从而受土壤水文过程控制。

DNDC 模拟水肥一体化灌溉方法是将上述灌溉方法与施肥相结合，即将化肥溶解在灌溉水中，然后将灌溉水输入农田。为实施这种模拟，用户需事先准备好一个水肥一体化灌溉情景文件，该文件提供每日输入农田的水量、7 种不同种类化肥的量和灌溉方法，该文件格式如表 5－4 所示。

表 5－4　DNDC 水肥一体化模拟情景文件格式

天数	灌溉水（cm）	NO_3（kgN）	NH_4HCO_3（kgN）	尿素（kgN）	NH_3（kgN）	NH_4（kgN）	SO_4（kgS）	PO_4（kgP）	灌溉方法
1	0	0	0	0	0	0	0	0	3
2	0	0	0	0	0	0	0	0	3
3	0	0	0	0	0	0	0	0	3
4	0	0	0	0	0	0	0	0	3
5	0	0	0	0	0	0	0	0	3
…	…	…	…	…	…	…	…	…	…
…	…	…	…	…	…	…	…	…	…
365	0	0	0	0	0	0	0	0	3
366	0	0	0	0	0	0	0	0	3

在上表中，灌溉方法包括漫灌（1）、喷灌（2）、地上滴灌（3）和地下滴灌（4）。DNDC 根据读入的数据，来确定每日的灌溉水量、化肥量和灌溉方法。在本书中，灌溉方法为地上滴灌。

在 DNDC 对水肥一体化灌溉方法进行模拟时，化肥中的氮和灌溉水同时到达土壤的同样位置，这为植物生长和土壤微生物活动提供了一个比较特殊的条件。比如，DNDC 模拟作物生长同时受制于水胁迫和氮胁迫，在有水无氮或有氮无水的情况下，作物都会减产；而水肥一体化灌溉方法消除了这种情况。对土壤的硝化细菌或反硝化细菌来说，存在同样的效应。由于在植物和微生物之间存在着对水分和氮素的竞争作用，所以水肥一体化灌溉方法对土壤 N_2O 的排放影响会随气候、土质和其他管理条件的变化而变化。

本书应用 DNDC 模型对试验点的实测数据进行验证。由于在田间试验中，免耕模式下作物行间距较大，种植作物区域约占整个小区的 2/3、不种植作物区域约占 1/3，因此本书中 N_2O 排放、土

壤 NO_3^- - N 浓度的验证均在 DNDC 模型中分别模拟种植作物和不种植作物条件下相关指标值，最后按照种植作物条件下的指标值比例为 2/3、不种植作物条件下的指标值比例为 1/3 来计算模拟值，与田间实测值进行比较。结果发现，DNDC 模型可以准确地模拟华北平原冬小麦-夏玉米种植系统水肥一体条件下不同灌水量和不同施氮量的小麦和玉米产量。

同时，利用 DNDC 模型模拟不同施氮量处理的 N_2O 排放动态和总量后发现，模型基本捕捉到了实测中的每次滴灌施肥后 3～5 天的 N_2O 排放轻微波动，且玉米季由于降水量大，N_2O 排放波动峰高于冬小麦季（施氮量居中的 N2 处理 N_2O 排放的模拟值和实测值对比结果如图 5 - 2 所示）的变化规律。然而模拟的 N_2O 排放波动峰值高于实测值，在温度很低的冬季，实测值显示滴灌施肥后 N_2O 排放波动峰值极低，但是模拟值明显高于实测值。从总量上看，DNDC 模型模拟出的 2012—2013 年冬小麦-夏玉米生长季 N_2O 排放总量为 2.74kg N ha^{-1}，远高于实测的 1.56kg N ha^{-1}。而在土壤 NO_3^- - N 累积上模型也可以很好地模拟土壤 NO_3^- - N 残留在整个生育期中的动态变化趋势，但是模拟值在数量上整体低估了实测值。这说明 DNDC 模型要模拟水肥一体化条件下的氮素平衡还需要进一步的参数校正。

模型的改进和校正即根据当地实际情况改进和校正相关参数，建立拟应用区域的实际参数。DNDC 通过对整个土壤环境条件的模拟来确定水肥一体化灌溉方法对土壤 N_2O 的排放影响。由于滴灌的时间一般较长，需要几十个小时的时间，这期间水肥共同慢慢滴入农田土壤中，如果温度适合则土壤中的部分 NO_3^- - N 和铵态氮会发生硝化和反硝化反应，从而产生并排放出 N_2O。DNDC 通过给出 NO_3^- - N 和铵态氮转化为 N_2O 比例参数的经验值来模拟这一过程，剩余部分的 NO_3^- 和 NH_4^+ 再进入到土壤中参与模型下一步模拟。校正前模型滴灌施肥过程中的 N_2O 排放计算公式为：

$$E_{N_2O} = E_1 + E_2; E_1 = 0.002 \times F_{NH_4}; E_2 = 0.005 \times F_{NO_3} \quad (5-1)$$

式中，E_{N_2O}为施肥当天N_2O排放量，F_{NH_4}为当天施入的NH_4^+量，F_{NO_3}为当天施入的NO_3^-量。

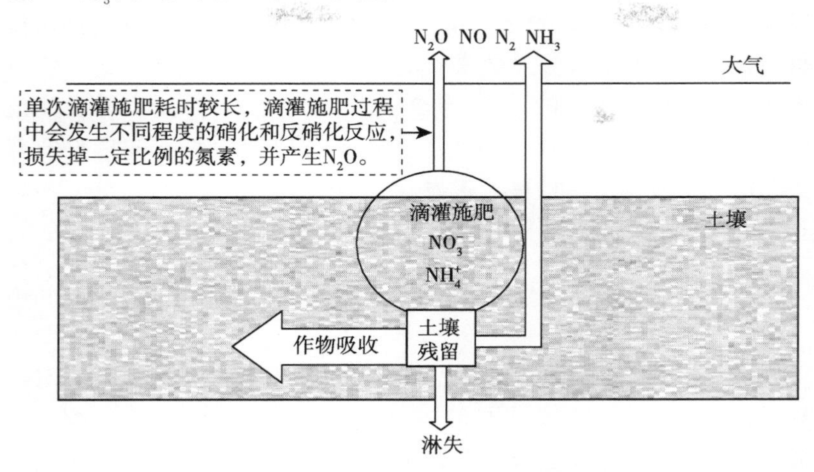

图5-2 DNDC模型滴灌施肥过程中氮素分配

上一章的分析结果显示，表层土壤温度与N_2O排放呈显著相关关系，同样在滴灌施肥后，温度较低时排放峰值更低，温度较高时反之。很多学者的研究成果都显示，在旱地土壤条件下温度是影响N_2O排放季节变化的关键因子（郑循华等，1997；蒋静艳等，2001），在适宜的水分条件和一定温度范围内，温度N_2O排放量随土壤温度的上升而增加（Goodroad et al.，1984；Bremner et al.，1984；雒新萍等，2009），15～35℃是硝化作用微生物活动的适宜温度范围，温度<5℃或>40℃都抑制硝化作用发生，反硝化微生物所要求的适宜温度为5～75℃（朱兆良等，1992）。因此，模拟高估了滴灌施肥后土壤N_2O排放峰值的原因一方面可能是模型所给的NO_3^--N和铵态氮转化为N_2O的比例参数高于试验区实际情况，另一方面是模型在这一参数的给定中没有考虑到温度对硝化和反硝化反应的影响，高估了温度较低时的N_2O排放量。

试验区2012—2013年的最高表层土壤温度低于35℃，上一章的分析也显示N_2O排放与表层土壤温度呈正相关关系，根据这一规律在现有参数的基础上以 0.0001 为梯度等比例调整土壤温度分别为 5℃、10℃、15℃、20℃、25℃和 30℃时的 NO_3^- 和 NH_4^+ 库转化为 N_2O 的比例参数值，由于 N_2O 排放规律数据非常复杂，很难通过相关系数等验证系数来验证模拟拟合度，因此本书通过将不同参数值下模型模拟的 N_2O 排放动态与试验中 N2 处理的实测值进行规律对比，同时计算 N2 处理全年 N_2O 排放总量的模拟值与实测值的相对误差，计算公式为：

$$\delta = \frac{\Delta}{L} \times 100\% \tag{5-2}$$

式中，δ 为相对误差，Δ 为绝对误差（模拟值减去实测值的绝对值），L 为实测值。

最后根据 N_2O 排放动态规律最相似，相对误差最低来确定参数值，并根据表层土壤温度 5℃、10℃、15℃、20℃、25℃和 30℃的校正参数值建立 N_2O 排放比例参数与表层土壤温度（$T_{[1]}$）的函数关系式，并在模型内部程序语言中予以修改，将温度对滴灌施肥过程中硝化和反硝化反应的影响引入到模型中，校正模型水肥一体化模块，为利用 DNDC 模型优化华北平原滴灌施肥措施提供本地化参数。

校正前后模型内部程序如图 5－3 所示。校正后滴灌施肥过程中 N_2O 排放量计算公式为：

```
float FFn2o;
    FFn2o = 0.002 * nh4[ss];
    nh4[ss] -= FFn2o;
    n2o[ss] += FFn2o;

    FFn2o = 0.005 * no3[ss];
    no3[ss] -= FFn2o;
    n2o[ss] += FFn2o;
```

（a）改进前参数结构与数值

```
float FFn2o;
FFn2o = (- 0.0057 * temp[1] * temp[1] + 0.4114 * temp[1] + 0.2) / 10000;
FFn2o = FFn2o * nh4[ss];
nh4[ss] -= FFn2o;
n2o[ss] += FFn2o;

FFn2o = (- 0.0114 * temp[1] * temp[1] + 0.8229 * temp[1] + 0.4) / 10000 ;
FFn2o = FFn2o * no3[ss];
no3[ss] -= FFn2o;
n2o[ss] += FFn2o;
```

（b）改进后参数结构与数值

图 5－3　DNDC 模型水肥一体化模块滴灌施肥过程中 N_2O 转化系数校正

$$E_{N_2O} = E_1 + E_2;$$

$$E_1 = (-5.7 \times 10^{-7} \times T_{[1]}^2 + 4.1 \times 10^{-5} \times T_{[1]} + 0.2 \times 10^{-4}) \times F_{NH_4}$$

$$E2=(-1.1\times10^{-6}\times T_{[1]}^{2}+8.2\times10^{-5}\times T_{[1]}+0.4\times10^{-4})\times F_{NO_3} \quad (5-3)$$

式中，E_{N_2O}为施肥当天 N_2O 排放量，F_{NH_4} 为当天施入的 NH_4^+ 量，F_{NO_3} 为当天施入的 NO_3^- 量，$T_{[1]}$为表层土壤温度。

校正前后模型对 N2 处理 N_2O 排放的模拟值和实测值对比如图 5－4 所示，可以看出模型校正后模型对试验地 N_2O 排放动态规律模拟的准确度显著提高，温度低时滴灌施肥后 N_2O 排放峰大幅降低，重现了温度高且降雨集中的 7 月的 N_2O 排放最高峰，年度 N_2O 排放总量从 2.74kg N ha^{-1}下降到了 1.42kg N ha^{-1}，相对误差从 75.64％下降为 8.97％。

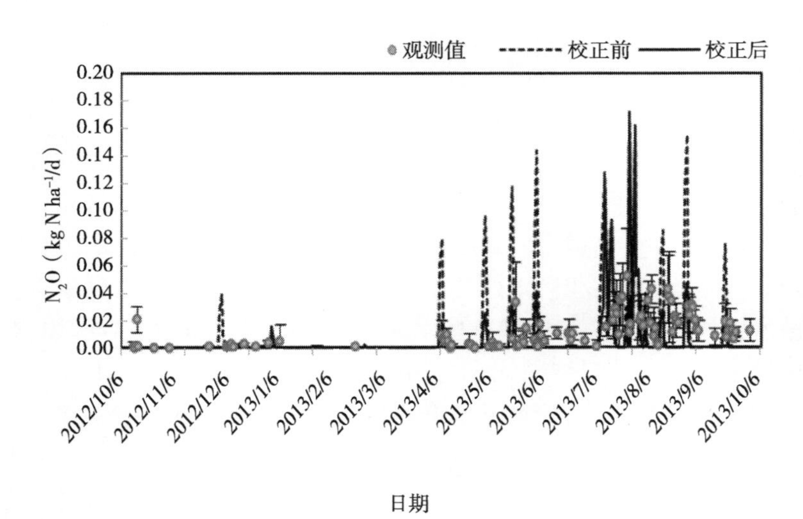

图 5－4　模型校正前后 N2 处理下 N_2O 排放实测值与模拟值比较

土壤 NO_3^-－N 残留是土壤氮素平衡输出项之一，通过校正模型中的 N_2O 排放参数，模拟的土壤 NO_3^-－N 浓度也有了明显的提高（图 5－5）。校正后模型计算与田间观测值在主要 NO_3^-－N 浓度峰的峰值和动态变化趋势上均十分接近，能够更好地模拟水肥一体化条件下农田土壤的 NO_3^-－N 浓度变化。

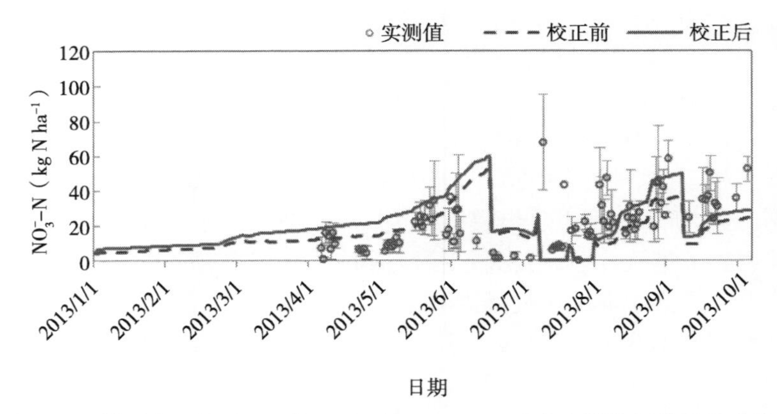

图 5-5　模型校正前后 N2 处理下土壤 NO_3^--N 浓度实测值与模拟值比较

第三节　DNDC 模型水肥一体化模块的验证

在试验地气候、土壤背景和土地利用条件下更全面地验证 DNDC 模型，是应用 DNDC 模型水肥一体化模块深入研究不可或缺的工作。模型的验证是通过实际观测参数来运转校正后的模型，以检验模型的模拟结果是否与田间试验观测结果一致。本书利用 2012—2013 年冬小麦-夏玉米季各滴灌施氮措施（N1，N2 和 N3）下 N_2O 排放和小麦、玉米产量以及不同滴灌措施（W1、W2、W3、W4、W5）下的作物产量对校正后的 DNDC 模型进行进一步验证，考察模型水肥一体化模块的有效性。

一、作物产量的模拟验证

作物生长是农业生态系统生物地球化学过程的重要组成部分，准确地模拟作物生长过程是生物地球化学模型的关键。DNDC 模型对作物产量的模拟主要由作物生长子模型来进行，根据作物种类、气温、土壤湿度、管理措施来计算光合作用、自养呼吸、光合产物分配、水分及氮吸收，从而预测作物的生长与发育（邱建军等，2012）。

冬小麦-夏玉米轮作不同滴灌量和施肥量处理的产量模拟对比结果如图 5－6 所示，总体来看各施氮处理和滴灌处理下模拟与观测的 R^2 值分别为 0.77 和 0.93，表明 DNDC 所模拟的各处理下供试农田作物产量与观测结果基本一致。具体来说，在不同施氮量处理中，模型再现了实测中冬小麦产量 N2 最高，N3 处理反而有所下降，而夏玉米 N2 和 N3 施氮处理产量差异较小。只有 N1 处理夏玉米产量模拟值和实测值差距较大，在这一处理中，夏玉米在施氮量仅为常规施氮量的 35％的情况下实测产量下降不够显著，可能是由于试验地基础 NO_3^-－N 含量较高，实际产量对施肥量降低的敏感度低于模型，所以导致模型模拟值与实测值差异较大。在不

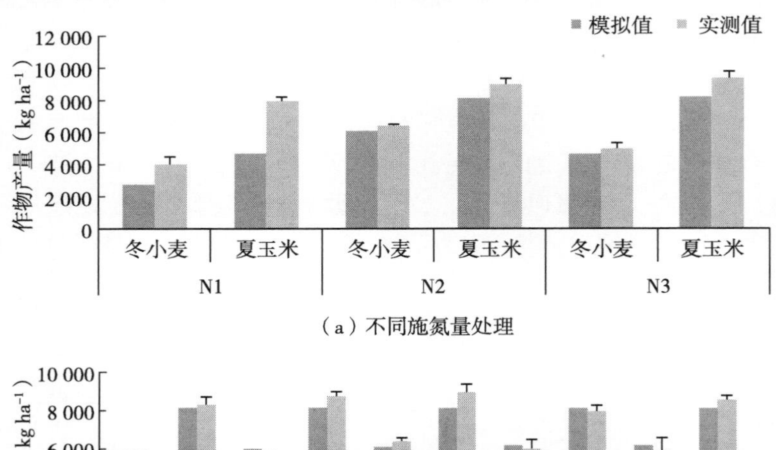

（a）不同施氮量处理

（b）不同滴灌量处理

图 5－6　作物产量模拟值与观测值比较

同滴灌量处理中，冬小麦季模型模拟结果也表现出滴灌量最高的W5处理产量开始有所下降，夏玉米季滴灌量对产量影响不明显的趋势，与实测值规律一致。这说明DNDC模型具备了模拟滴灌施肥一体化管理措施下，冬小麦、夏玉米生长情况和产量的能力。

二、土壤 NO_3^-－N 含量模拟验证

各施氮处理中，模型计算的0～10cm土壤 NO_3^-－N 含量与实测值在冬小麦-夏玉米生长期间变化趋势一致，数值也比较接近（图5－7）。模拟结果显示，由于是每个生育期多次少量施肥，因此N1和N2处理在整个年度生长季中0～10cm土壤 NO_3^-－N 浓度变化不大，但是在冬小麦和夏玉米生长季均存在生育期后期土壤 NO_3^-－N 浓度出现小高峰的现象，特别是N3处理表现得尤为明显，说明试验中可能存在施肥时间偏晚的现象。N3处理冬小麦和夏玉米生长后期土壤 NO_3^-－N 浓度高峰明显，浓度显著高于N1和N2处理，存在过量施肥的现象，下一季苗期不施肥有利于作物对残留在土壤中的 NO_3^-－N 的吸收，减少 NO_3^-－N 淋失风险。从图5－7还可以看出，N1处理的夏玉米季和N3处理的冬小麦季模型分别由低估和高估了0～10cm土壤 NO_3^-－N 含量的现象，但是从总体趋势来看，模型对不同施氮量的变化表现得更为敏感。

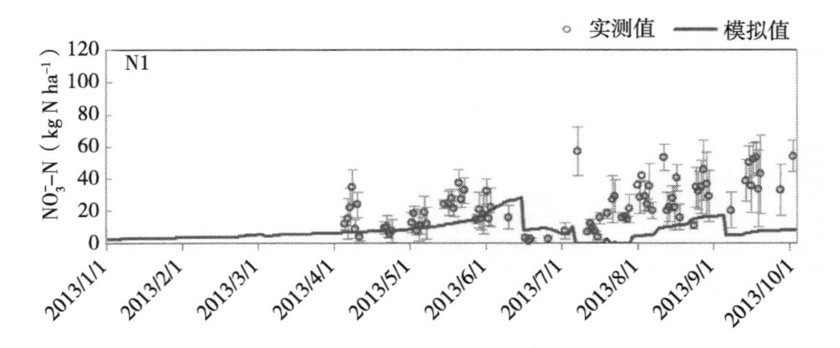

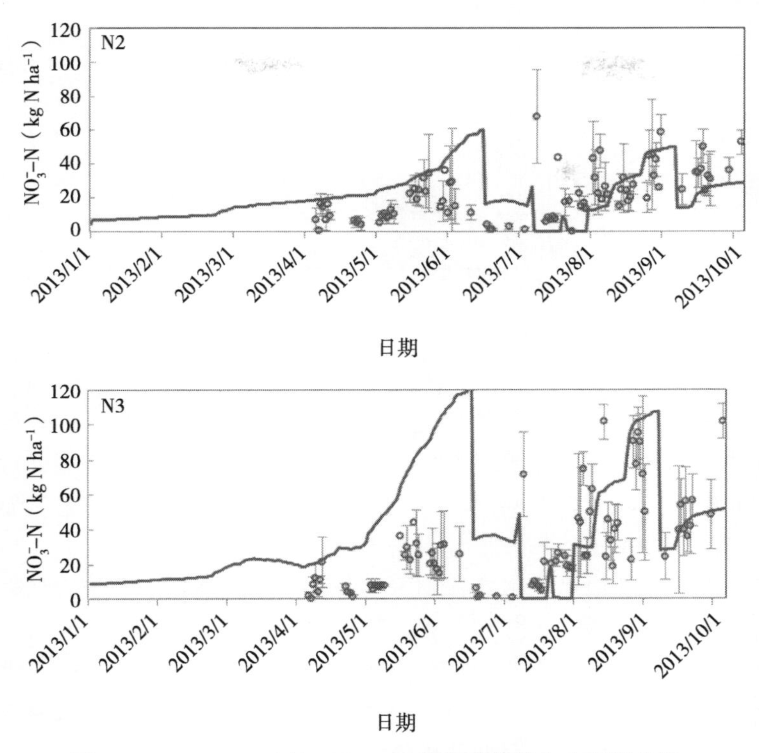

图 5－7　0～10cm 土壤 NO_3^-－N 含量模拟值与实测值比较

三、N_2O 排放的模拟验证

N_2O 排放总量的田间实测值和模拟值比较结果如图 5－8 所示。2012—2013 年冬小麦-夏玉米生长季，N0、N1、N2 和 N3 处理下 N_2O 排放季节总量观测结果分别为 0.53kg N ha^{-1}、1.14kg N ha^{-1}、1.56kg N ha^{-1}、1.73kg N ha^{-1}；相应的 DNDC 模拟结果分别为 0.62kg N ha^{-1}、1.10kg N ha^{-1}、1.42kg N ha^{-1}、2.28kg N ha^{-1}。模拟结果与观测结果接近，R^2 值为 0.83。模拟结果与观测结果的比较表明，经过校正后 DNDC 能准确地模拟不同滴灌施

氮措施对 N_2O 排放总量的影响。

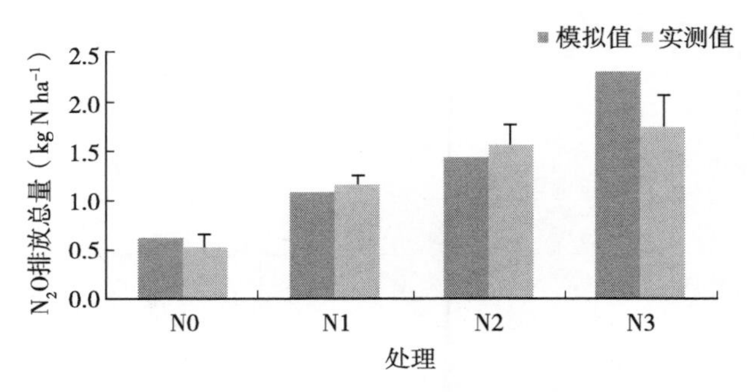

图 5－8　N_2O 排放总量模拟值与实测值比较

试验地在 4 种滴灌施氮处理方式下，2012—2013 年土壤 N_2O 排放季节动态田间实测值和模拟值比较见图 5－9。如上一章所述，滴灌施肥条件下，N_2O 排放峰值很低，主要是在滴灌施肥和强降雨后出现 3～5d 的排放波动，且夏玉米季 N_2O 排放量高于冬小麦季，校正后的模型基本捕捉到了实测到的各处理在滴灌施肥和降雨后引发的 N_2O 排放波动，同时反映了滴灌施肥条件下 7 月的雨季高峰期对农田土壤 N_2O 排放的贡献最大的现象，模拟的 N_2O 排放动态规律与实测值基本一致。但是这几个处理中模型都没有捕捉到耕作时所引起的实测很低的排放波动，可能是由于试验地采用夏玉米播种时免耕，冬小麦播种时少耕的模式，同时没有施入氮肥底肥，模型认为这样土壤受到的扰动很少，不会产生相应的排放波动，而实际中虽然是免耕和少耕，播种时还是会对土壤有一定的扰动，加上需要对试验器材进行保护，收获和播种时耕种者经常需要在农田中走动，因而造成了一定的 N_2O 排放波动。总体来说，在滴灌施肥条件下，校正后的 DNDC 模型可以在排放动态方面较真实地模拟 N_2O 排放通量，能较可靠地模拟滴灌施肥措施对冬小麦-夏玉米农田土壤 N_2O 排放的影响。总体来说，在滴灌施肥条件下，DNDC 模型可以在排放动态方面较真实地模拟 N_2O 排放通量，能较可靠地模拟滴灌施肥措施对冬小麦-夏玉米农田土壤 N_2O 排放的影响。

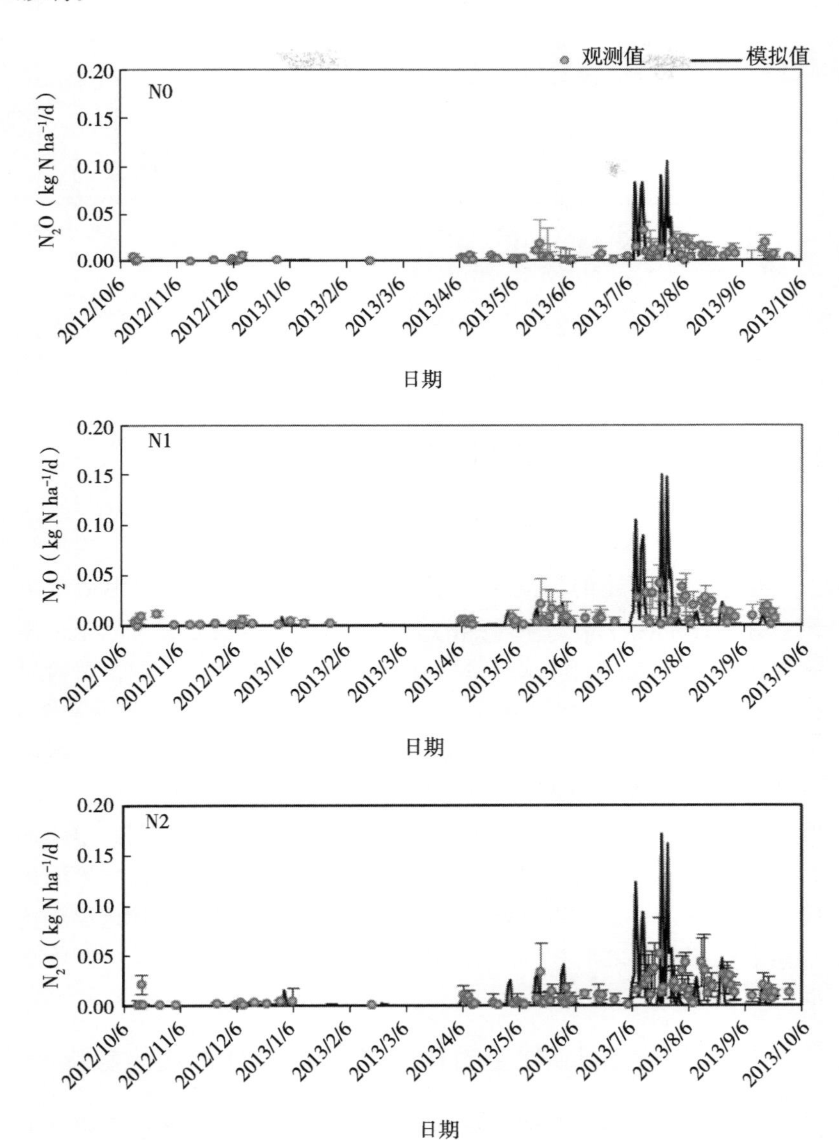
观测值
模拟值
N0
N1
N2
N_2O（kg N ha^{-1}/d）
0.20
0.15
0.10
0.05
0.00
2012/10/6
2012/11/6
2012/12/6
2013/1/6
2013/2/6
2013/3/6
2013/4/6
2013/5/6
2013/6/6
2013/7/6
2013/8/6
2013/9/6
2013/10/6
日期

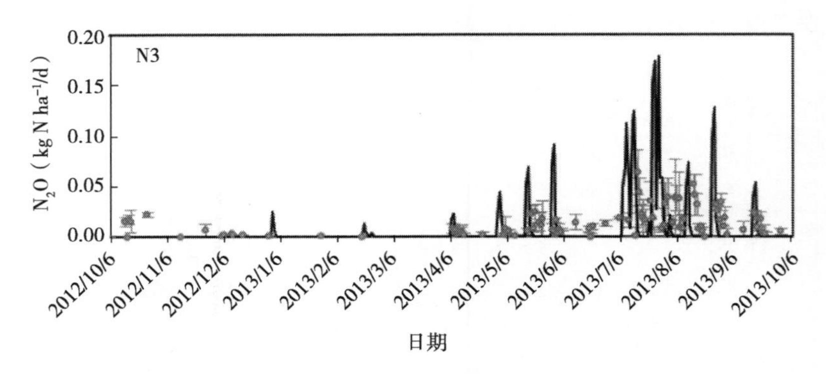

图 5-9 模型校正后 N_2O 排放季节动态实测值与模拟值比较

第四节 华北平原滴灌施肥措施优化调控途径

通过前文所述的田间试验获得免耕条件下 N2 处理为最优处理，在半湿润半干旱一年两熟的华北平原进行滴灌施肥管理与干旱一熟区有所不同，如何从产量效益和环境效应两方面筛选出最合理的滴灌施肥模式对于该项技术在华北平原推广具有重要的实际意义。

滴灌施肥管理措施中施氮量，滴灌量，滴灌施肥时间、次数和措施都会影响该项技术的应用效果。大田试验具有耗时长、成本高、可控性差等问题，而模型模拟可以解决这一问题，因此本文通过校正并验证过的模型模拟筛选出适用于华北平原的最优的滴灌施肥一体化措施。首先通过设置不同的灌溉和施氮量情景筛选出最优的滴灌施肥量，之后在固定滴灌施肥量的基础上优化滴灌施肥管理时间和次数。

一、不同滴灌施氮量对作物产量和 N_2O 排放的影响

以试验中筛选出的最优管理 N2 和 W3 处理的施氮量和滴灌量作为本底值，在此基础上设置 8 个不同滴灌量和施氮量情景（表

5－5)，通过 DNDC 模型模拟不同情景下的冬小麦和夏玉米的产量及 N_2O 排放总量，从增产和减排的多目标角度筛选华北平原最优的水肥一体化管理措施，具体如图 5－10 所示。通过对比可以看出，与试验结果一致，本底值的滴灌量冬小麦产量最高，灌溉量对 N_2O 排放总量的影响不大。不同的滴灌量对与夏玉米来说几乎没有影响，减灌 80%的灌水量处理为最优，没有继续降低滴灌量是因为减灌 80%后每次灌溉量仅为 4.8mm，已经接近能把肥料完全施入农田土壤中的下限灌溉量。因此最优灌溉量冬小麦季为本底值(130mm)，夏玉米季为减灌 80%（19mm)。本底值（冬小麦 189 kg N ha^{-1}，夏玉米 231kg N ha^{-1}）的施氮量同样是产量和 N_2O 排放综合最优的施氮量，而当施氮量超过本底值后，可能是由于过量施肥，且施入的肥料为尿素，因此由于大量 NH_3 挥发而导致冬小麦季的产量反而有所降低，夏玉米季的 N_2O 排放也急剧上升。

表 5－5　不同滴灌量（a）和施氮量（b）情景

参数（a）	情景	减灌 80%	减灌 60%	减灌 40%	减灌 20%	本底值	增灌 30%	增灌 60%	增灌 90%
滴灌量 (mm)	冬小麦	26	52	78	104	130	169	208	247
	夏玉米	19	38	58	77	96	125	154	182
参数（b）	情景	减氮 80%	减氮 60%	减氮 40%	减氮 20%	本底值	增氮 20%	增氮 40%	增氮 60%
施氮量 (kg N ha^{-1})	冬小麦	38	76	113	151	189	227	265	302
	夏玉米	46	92	139	185	231	277	323	370

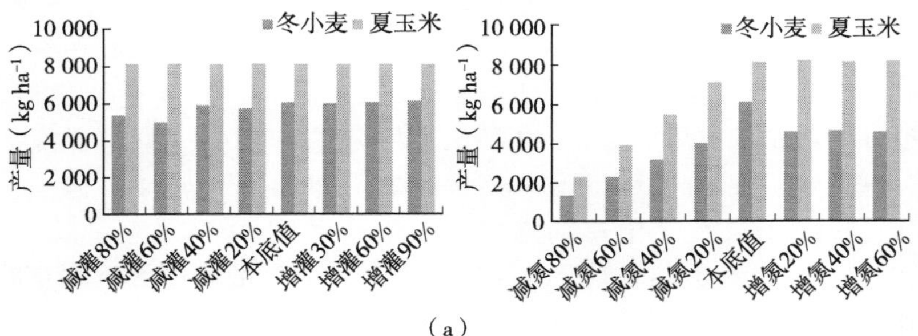

(a)

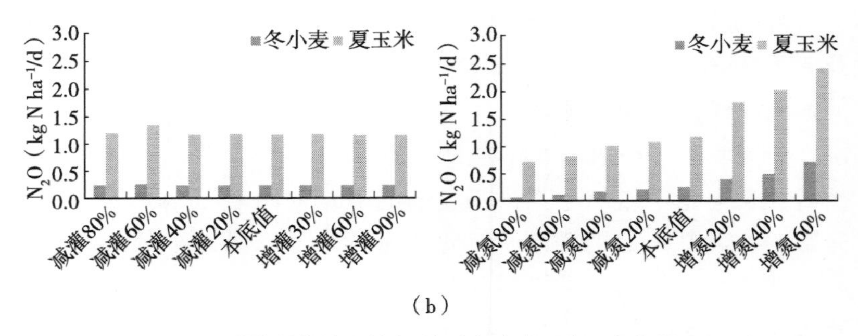

（b）

图 5-10　不同滴灌量和施氮量对冬小麦-夏玉米产量（a）和 N_2O 排放总量（b）的影响

二、不同滴灌施氮时间和次数对作物产量和 N_2O 排放的影响

玉米生长季中，7 月是试验区 2012—2013 年降水量最大的时期，占全年降水总量的 67.4%，历史年份中 7 月均为降水量最大的时期。同时在 7 月由于土壤水分很大，不能采用滴灌施肥的措施，而是采用条施的措施，从而进一步促进了 N_2O 的排放。从田间监测数据和模拟数据都可以看出，7 月 N_2O 排放峰值最高，总量也最高，N1、N2 和 N3 处理 7 月 N_2O 排放总量平均占全年排放总量的比例实测结果为 25%，模型模拟结果为 28%。因此笔者考虑在玉米生长季优化滴灌施肥时间和次数，将玉米 7 月中下旬撒施的两次肥料分别调整到 7 月 7 日和 8 月 10 日分别通过滴灌施入，调整后整个玉米生育期共滴灌施肥 4 次，分别是 7 月 7 日施氮 69.3kg N ha^{-1}、8 月 10 日施氮 92.4kg N ha^{-1}、8 月 24 日施氮 46.2kg N ha^{-1} 和 9 月 15 日施氮 23.1kg N ha^{-1}。经过调优后，DNDC 模拟的结果如图 5-11 所示，与滴灌和施氮量最优的最优量处理对比，玉米产量没有影响，仅减少了 2%的小麦产量，但是优化处理由于减少了雨季的施肥量，雨季的 N_2O 排放总量减少，2012—2013 年度共减少 16%的 N_2O 排放，且主要减排效果在夏玉米季。

由此可见，通过对玉米施肥时间、方式和次数的调优，可以在基本不减少产量的情况下减少16%的 N_2O 排放，具有明显的温室气体减排效果。同时减少施肥次数还可以减少人力和时间的消耗，因此玉米季将雨季条施共6次施肥改为分4次全部滴灌施肥为最优管理措施。

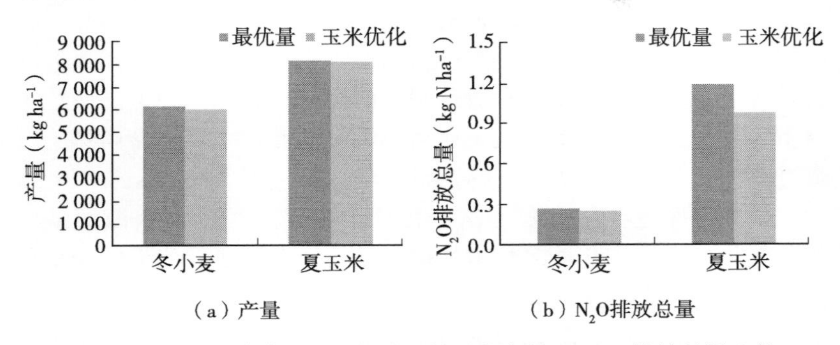

图5-11　玉米滴灌施肥调优处理前后的产量和 N_2O 排放总量比较

第五节　讨论与结论

机理模型（比如DNDC模型）是非常强大的工具，越来越多地被用来模拟管理措施和气候变化对农业的潜在影响（Sarah et al.，2014）。模拟不同管理措施对作物产量和环境的影响是一个很大的挑战，因为涉及气候、土壤、植物和管理因子之间复杂的交互影响（Han et al.，2014）。因此DNDC模型也在不断改进，从1992年的1.0版开始到现在的9.5版本，已经改版了10多次（Sarah al.，2014），不同地理区域和不同目标的用户在应用DNDC模型时也会根据具体情况对模型进行调整和验证（邱建军等，2012；Han et al.，2014），以使模型能够本地有效化。本书利用最新版本的DNDC 9.5模型模拟滴灌施肥管理措施下的农田生态系统。通过与实测数据的对比，将表层土壤温度因素引入DNDC模型水肥一体化模块的滴灌施肥过程中 N_2O 排放比例系数中，并根据实测数据校正了比例系数值，建立 N_2O 排放比例参数与表层土壤温度的函数关系式，校正后的模型能够在模拟作物产量的基础上更好地模拟滴灌施肥条件下农田土壤 N_2O 排放和 NO_3^- -N 浓度变化，为华北平原典型农田水肥一体化研究提供了有效的模拟工具。但是从总量和通量动态比较图上都可以看出，施肥量最高的 N3 处理模型模拟值偏高，这可能是由于当施氮量过高时，滴灌施肥过程中氮素的淋溶和 NH_3 挥发损失会更大，而通过 N_2O 的形式损失的直接比例与施氮量较少时有所不同，因此模型在该参数上虽然校正后引入了与温度的关系，但是还是属于经验参数，不适合模拟施氮量过高的情景，有待进一步通过机理公式改进。

华北平原是我国重要的高产粮区，存在严重的水资源短缺问题，即使考虑南水北调工程增加供水量，水资源供需之间的矛盾仍然难以缓解，大幅压减农业用水量是缓解华北平原地下水超采和水资源紧缺的主要手段之一（张光辉等，2011）；同时由于连续多年大量施用氮肥，华北高产农区农业面源污染问题日趋严重（刘光栋和吴文良，2005），也导致该区域每年产生大量的 N_2O 排放（孟磊等，2008；裴淑玮等，2012；李虎等，2012），粮食供给、水资源紧缺和环境污染三重矛盾激烈。滴灌施肥是被公认的能够增产、节水、节肥、减排的水肥一体化技术，本书利用校正并验证后的 DNDC 模型进行不同滴灌施肥管理的情景分析，以保产、节水、节肥、减排为目标优化华北平原冬小麦-夏玉米农田的滴灌施肥技术，具体为冬小麦季滴灌 130mm、施氮 189kg N ha^{-1}，夏玉米季滴灌 19.2mm、施氮 231kg N ha^{-1}，冬小麦季各生育期滴灌施肥，夏玉米季的 7 月为雨季不施肥，其他时期分 4 次滴灌施肥。

本章的主要结论如下：

第一，利用试验数据首次对 DNDC 水肥一体化模块中滴灌施肥过程中硝化反应和反硝化反应进行了参数校正，并引入土壤表层温度因素，能够降低模拟年度 N_2O 排放总量的相对误差，提高华北平原冬小麦-夏玉米典型农田 N_2O 排放和 NO_3^- -N 累积动态规律模拟的精确度。

第二，校正后的DNDC模型模拟值与田间试验观测值比较验证结果显示，模型能够较好地模拟华北平原滴灌施肥一体化管理措施下，冬小麦-夏玉米典型农田系统的作物产量、土壤NO_3^-－N浓度动态变化和N_2O排放通量动态变化及总量，为在地区应用DNDC模型进行相关模拟研究打下基础。

第三，通过校正后模型的模拟预测，华北平原冬小麦-夏玉米典型农田系统滴灌施肥条件下，综合作物产量和N_2O排放总优滴灌施氮量分别为冬小麦季滴灌130mm、施氮189kg N ha^{-1}，夏玉米季滴灌19.2mm、施氮231kg N ha^{-1}。同时玉米季将雨季条施取消改为在生长季其他时期分4次全部滴灌施肥可以在基本不降低产量的情况下减少16%的N_2O排放，是从保产、节水、节肥、减排和节省劳力综合考虑下的最优滴灌施肥措施。

第六章　结论与展望

第一节　主要研究结论

冬小麦-夏玉米轮作是华北平原典型的种植制度，两种作物产量约占全国小麦、玉米总产量的 1/5，水资源短缺和面源污染等环境污染问题已经成为制约该地区农业可持续发展的主要因素。滴灌施肥技术被公认为是一种具有节水、节肥、减少污染等优点的水肥一体化田间管理措施，在国内外已广泛应用，但是在华北平原粮食作物的应用研究还很缺乏。本书采用田间试验和生物地球化学模型相结合的研究方法，主要研究了滴灌施肥技术下土壤水氮运移、分布规律，土壤 NO_3^- -N 累积及其对 N_2O 排放的影响，并利用田间实测试验数据校正了 DNDC 模型水肥一体化模块，应用校正和验证后的 DNDC 模型提出了多目标调控下的华北平原冬小麦-夏玉米轮作系统滴灌施肥优化技术。主要研究结论如下。

一、滴灌量和施氮量对于土壤水分和氮素的水平和垂直分布特征均有很大影响，滴灌量会影响水、氮的水平和垂直运移特征，施氮量主要影响氮素的水平运移特征

滴灌施肥条件下，灌水量越大，滴灌后水分运移的垂直深度越大，灌溉系数为 0.5 和 1 时，水分主要向下运移至 60cm 土层和 80cm 以上土层，减少灌水量可以降低灌溉水深层渗漏损失。同时不同灌水量同样会影响滴灌后 NO_3^- -N 的垂直运移深度。与水分运移规律一致，灌水量越大，滴灌后 NO_3^- -N 运移的垂直深度越大。灌溉系数为 2 时，NO_3^- -N 在随水向下运移至 100cm 后还有继续下移的趋势，存在 NO_3^- -N 深层淋溶的风险。不同施氮量处理由于

灌水量一致，NO_3^- －N 在土壤中垂直分布规律基本一致。NO_3^- －N 随水运移深度主要在 80cm 以上，施氮量越大，滴灌施肥后湿润土体内 0～60cm 土层土壤 NO_3^- －N 含量越高，滴灌施肥后垂直方向上 NO_3^- －N 没有在湿润体边缘聚集。随施氮量的增加，滴灌施肥后 NO_3^- －N 水平方向上呈现在湿润土体边缘聚集的现象越来越不明显的特征。N2 处理 U 点和 E 点的 NO_3^- －N 含量差异最小，湿润土体内土壤养分均匀度最高，说明滴灌施肥条件下合理的施肥量有利于提高滴灌后土壤养分的均匀性，促进作物对肥料的吸收。冬小麦和夏玉米收获后，0～100cm 土壤剖面 NO_3^- －N 累积量与施氮量呈正相关关系，各施氮处理中随土层的增加 E 点和 U 点的 NO_3^- －N 含量增加量逐渐减少，0～40cm 土层的 NO_3^- －N 增加量显著高于其他层次，其中 0～20cm 土层层次最高。

二、合理的滴灌施氮处理在冬小麦季可以显著提高水分和氮素利用效率

在冬小麦和夏玉米不同生育期根据土壤墒情补充滴灌条件下，灌溉系数≥1 可以保持冬小麦-夏玉米整个生育期 0～80cm 土层含水量在田间持水量的 75％～80％。灌溉系数为 1 的 W3 处理下水分利用效率最高，在 2012—2013 年冬小麦生长季灌水量为 130mm 的情况下，水分利用效率为 2.28kg m^{-3}，是试验筛选出的最优灌溉方案。夏玉米季由于降水量充足，采用滴灌措施与漫灌措施相比未能提高夏玉米的产量和水分利用效率。

三、滴灌施氮和漫灌撒施相比能够减少水分和氮肥的损失

从冬小麦拔节期滴灌施氮和漫灌撒施后 0～10cm 土壤含水量和 NO_3^- －N 含量的对比结果来看，不同灌溉措施灌溉后呈现出滴灌措施下土壤含水量先低于漫灌措施，后逐渐转变为高于漫灌措施，滴灌措施的土壤蓄水保墒效果优于漫灌措施的规律；漫灌撒施后土壤 NO_3^- －N 含量迅速上升后又迅速下降，而滴灌施氮措施施肥

后土壤 NO_3^- －N 含量上升幅度更低，但是 5 天后两者土壤 NO_3^- －N 含量相同，滴灌施氮措施能够减少氮肥的损失。滴灌施氮后土壤 NO_3^- －N 含量一般呈现增加趋势，N3 处理增加幅度最大。在降水量很低的冬小麦生长季，滴灌施肥和常规漫灌施肥都存在很明显的氮肥表聚现象，而在降水量大的夏玉米生长季，两种灌溉施肥方式的表聚现象相对更不明显。常规漫灌施肥方式下，夏玉米季直至 80～100cm 土层的 NO_3^- －N 累积量仍有 16.73kg ha^{-1}，存在较大的继续往下淋失的风险。在整个冬小麦-夏玉米生长季中，滴灌施肥措施由于测墒补灌，少量多次灌溉施肥比漫灌撒施措施在整个生长季土壤水分和 NO_3^- －N 含量波动均更小。

四、冬小麦季滴灌施肥措施明显降低了氮肥的表观损失率，而夏玉米季由于降水量较大而没有相应的应用效果；N2 是综合各项氮素利用效率指标最优的施氮量处理

在冬小麦季滴灌施肥措施下各处理的表观损失量较低，介于 0～21.59kg ha^{-1}，与施氮量呈正相关关系（R^2＝0.926），N1、N2 和 N3 的表观损失率分别为 0.84％、5.65％和 8.00％。而常规漫灌处理的表观损失量高达 228.58kg ha^{-1}，表观损失率为 84.66％，远高于滴灌施肥处理。与冬小麦季不同，在夏玉米季滴灌施肥未能减少氮肥的表观损失。综合氮素吸收利用率、生理利用率、农学利用率和籽粒氮肥吸收利用率，冬小麦和夏玉米季的最优施氮量处理均为 N2 处理。

五、滴灌施肥与漫灌撒施相比能够减少 43％的全年 N_2O 排放总量，表层土壤温度、WFPS 和 NO_3^- －N 浓度与对滴灌施肥措施下农田土壤 N_2O 排放呈显著相关关系

滴灌施肥措施下各施氮处理整体 N_2O 排放通量较低，滴灌施肥或滴灌后 N_2O 排放均会出现上升式波动，上升波动时间一般大约有 3～5d，但是波动幅度均较小，较大的 N_2O 排放峰出现在了玉米生长季降水集中、温度较高、撒施肥料的 7 月。滴灌施肥处理

的排放峰强度和持续时间明显低于常规漫灌施肥处理，但是由于滴灌施肥次数较多，研究期间排放峰出现次数差异不大。滴灌施肥N3处理与常规漫灌施肥C处理施氮量相同，但是年度N_2O排放总量N3处理比C处理低（0.75±0.12）kg N ha^{-1}，减少了43%的N_2O排放。所有处理中夏玉米季N_2O排放总量所占的比例均在70%以上，主要是受降水量和温度的影响。常规漫灌处理的直接排放系数和排放强度均最大，滴灌施肥措施平均直接排放系数和排放强度分别为0.23%和0.14kg N t^{-1}，分别比常规耕种减少了27%和47%。表层土壤温度、WFPS值和NO_3^-－N浓度都显著影响了滴灌施肥条件下农田土壤的N_2O排放。

六、引入土壤温度参数和内部参数的改进，可以提高模型对水肥一体化措施模式的精确性

校正后的DNDC模型能够真实地表达滴灌施肥一体化管理措施下，华北平原冬小麦-夏玉米轮作系统的作物产量、土壤NO_3^-－N浓度动态变化和N_2O排放通量动态变化及总量。通过校正后模型的模拟分析，华北平原冬小麦-夏玉米轮作系统，综合作物产量、环境效应和N_2O排放等多目标的优化滴灌施氮量技术为冬小麦季滴灌130mm（灌溉系数为1）、施氮189kg N ha^{-1}，夏玉米季滴灌19.2mm（灌溉系数为0.2）、施氮231kg N ha^{-1}，同时玉米生长季将雨季条施取消改为在生长季分4次全部滴灌施肥。

第二节 主要创新点

第一，针对华北平原水资源短缺和面源污染严重的农业问题，本书从产量、水、氮分布特征和利用效率、N_2O排放等方面全面研究滴灌施肥措施在冬小麦-夏玉米典型农田上的应用效果。

第二，根据滴灌后农田土壤不完全湿润、水分在滴头周围形成近似截顶椭球体分布区的特性，采用在滴头下方（U点）、湿润土体内侧边缘（E点）和湿润土体外侧边缘（D）点分别分层次取样

的方法研究滴灌施肥后水分和氮素在水平和垂直方向上的运移特征。

第三，根据滴灌施肥过程中 N_2O 排放特征和田间实测数据，对 DNDC 水肥一体化模块内部程序进行校正，提高 DNDC 模型模拟滴灌施肥措施下全年土壤农田 N_2O 排放动态规律的准确性。

第三节　研究展望

一是，本书只有一年的大田试验数据，不可避免地受到气象条件和土壤物理特性变异等因素的影响。虽然从试验结果分析来看，基本反映出了滴灌施肥条件下土壤水分和氮素的运移规律和利用效率，反映了滴灌施肥措施的增产和减排效应，但是关于滴灌施肥下不同年份产量的波动以及水氮耦合的生态效应、滴灌施肥对土壤盐分的影响、滴灌施肥在华北的适应性等，还有待于进行更深入的试验研究。

二是，由于不同气候、土壤条件的影响，农田生态系统应用滴灌施肥措施后 N_2O 排放、水氮运移规律、产量效应等在空间尺度上均表现出巨大的异质性。本书研究工作在山东桓台典型冬小麦-夏玉米农田开展，所得结果和结论主要基于地块或田块尺度的研究。如果要研究整个华北平原区域尺度应用滴灌施肥措施的产量和生态效应，一方面要增加不同点位的田间试验研究，另一方面可以利用 DNDC 区域模拟功能在多点验证后进行区域模拟研究，探讨在整个华北平原大田中应用滴灌施肥措施的综合效果。同时还可以进行全国滴灌区划等更大区域尺度的相关研究。

三是，本书通过校正后的 DNDC 模型模拟出了华北平原最优的滴灌施氮量和玉米季合理的滴灌施肥时间和次数。但是对于滴灌施肥管理措施的优化还较简单，可以进一步深化研究。同时下一步田间试验中可以实际应用优化后的滴灌施肥管理措施进行田间试验检验，以期为当地农民，特别是种植大户家庭农场、专业合作社、农业园区等规模化生产主体实际应用滴灌施肥措施提供增产减排效果最佳的滴灌施肥制度参考。

参 考 文 献

艾军，李梁，2007. 农业节水技术模式［J］. 农村科学实验（10）：5.

白红英，韩建刚，张一平，2003a. 农田温室气体 N_2O 释放的水热效应机理初探［J］. 农业环境科学学报，22（6）：724－726.

白红英，耿增超，张一平，2003b. 旱耕人为土 N_2O 排放动力学特征及其影响因素［J］. 西北农林科技大学学报（自然科学版），31（2）：84－88.

保琼莉，巨晓棠，2011. 夏玉米根系密集区与行间 N_2O 浓度及与氨氧化细菌和反硝化细菌数量的关系［J］. 植物营养与肥料学报，17（5）：1156－1165.

蔡延江，丁维新，项剑，2012. 农田土壤 N_2O 和 NO 排放的影响因素及其作用机制［J］. 土壤，44（6）：881－887.

曹雯梅，刘松涛，郑贝贝，等，2013. 小麦高产及超高产优化管理模式对氮素吸收分配、土壤硝态氮累积及产量的影响［J］. 核农学报，27（10）：1567－1574.

陈佰鸿，曹建东，王利军，等，2010. 不同滴灌条件下土壤水分分布与运移规律［J］. 节水灌溉（7）：6－9.

陈健，宋春梅，刘云慧，2006. 黄淮海平原旱田氮素损失特征及其环境影响研究［J］. 中国生态农业学报，14（2）：99－102.

陈静，王迎春，李虎，等，2014. 滴灌施肥对免耕冬小麦水分利用及产量的影响［J］. 中国农业科学，47（10）：1966－1975.

陈书涛，黄耀，郑循华，等，2007. 种植不同作物对农田 N_2O 和 CH_4 排放的影响及其驱动因子［J］. 气候与环境研究，12（2）：147－155.

陈文新，1989. 土壤环境微生物学［M］. 北京：北京出版社：133－151.

陈效民，邓建才，柯用春，等，2003. 硝态氮垂直运移过程中的影响因素研究［J］. 水土保持学报，11（2）：12－15.

程裕伟，任辉，马富裕，等，2011. 北疆地区滴灌春小麦干物质积累、分配与转运特征研究［J］. 石河子大学学报（自然科学版），29（2）：133－139.

池静波，黄子蔚，黄玉萍，等，2009. 滴灌条件下不同产量水平棉花各生育期

需肥规律的研究 [J]. 新疆农业科学，46 (2)：327-331.
崔振岭，陈新平，张福锁，等，2007. 华北平原冬小麦/夏玉米轮作体系土壤硝态氮的适宜含量 [J]，应用生态学报，10：2227-2232.
邓兰生，张承林，2007. 滴灌施氮肥对盆栽玉米生长的影响 [J]. 植物营养与肥料学报，13 (1)：81-85.
邓兰生，涂攀峰，叶倩倩，等，2012. 滴施液体肥对甜玉米生长、产量及品质的影响 [J]. 玉米科学，20 (1)：119-122+127.
丁琦，白红英，李西祥，等，2007. 作物对黄土性土壤氧化亚氮排放的影响：根系与土壤氧化亚氮排放 [J]. 生态学报，27 (7)：2823-2831.
董玉红，欧阳竹，李运生，等，2007. 施肥方式对农田土壤 CO_2 和 N_2O 排放的影响 [J]. 中国土壤与肥料 (4)：34-39.
杜文勇，何雄奎，胡振方，等，2011. 不同灌溉技术条件对冬小麦生产的影响 [J]. 排灌机械工程学报，29 (2)：170-174.
段文学，于振文，张永丽，等，2010. 测墒补灌对不同穗型小麦品种耗水特性和干物质积累与分配的影响 [J]. 植物生态学报，34 (12)：1424-1432.
樊兆博，刘美菊，张晓曼，等，2011. 滴灌施肥对设施番茄产量和氮素表观平衡的影响 [J]. 植物营养与肥料学报，17 (4)：970-976.
樊军，郝明德，党廷辉，2000. 旱地长期定位施肥对土壤剖面硝态氮分布与累积的影响 [J]. 土壤与环境，9 (1)：23-29.
房全孝，陈雨海，李全起，等，2006. 土壤水分对冬小麦生长后期光能利用及水分利用效率的影响 [J]. 作物学报，32 (6)：861-866.
费宇红，张兆吉，张凤娥，等，2007. 气候变化和人类活动对华北平原水资源影响分析 [J]. 地球学报，28 (6)：567-571.
封克，殷士学，1995. 影响氧化亚氮形成与排放的土壤因素 [J]. 土壤学进展，23 (6)：35-42.
冯绍元，张自军，丁跃元，等，2010. 降雨与施肥对夏玉米土壤硝态氮分布影响的田间试验研究 [J]. 灌溉排水学报，29 (5)：14-51.
韩燕来，葛东杰，汪强，等，2007. 施氮量对豫北潮土区不同肥力麦田氮肥去向及小麦产量的影响 [J]. 水土保持学报，21 (5)：141-154.
韩占江，于振文，王东，等，2010. 测墒补灌对冬小麦干物质积累与分配及水分利用效率的影响 [J]. 作物学报，36 (3)：457-465.
何建和，2010. 日光温室水肥一体化，滴灌栽培蔬菜增效显著 [J]. 农业技术与装备 (11)：74-75.

参 考 文 献

何红波，张旭东，2006. 同位素稀释分析在土壤氮素循环利用研究中的应用［J］. 土壤通报，37（3）：576－581.

侯爱新，陈冠雄，1998. 不同种类氮肥对土壤释放 N_2O 的影响［J］. 应用生态学报，9（2）：176－180.

黄丽华，沈根祥，顾海蓉，等，2009. 肥水管理方式对蔬菜田 N_2O 释放影响的模拟研究［J］. 农业环境科学学报，28（6）：1319－1324.

黄丽华，沈根祥，钱晓雍，等，2008. 滴灌施肥对农田土壤氮素利用和流失的影响［J］. 农业工程学报，24（7）：49－53.

黄耀，2003. 地气系统碳氮交换：从实验到模型［M］. 北京：气象出版社.

黄元仿，1993. 田间条件下土壤 N 素行为转化与运移模拟［D］. 北京：中国农业大学.

侯彦林，李红英，赵慧明，2009. 中国农田氮肥面源污染估算方法及其实证Ⅳ：各类型区污染程度和趋势［J］. 农业环境科学学报，28（7）：1341－1345.

胡伟，张炎，胡国智，等，2011. 控释氮肥对棉花植株 N 素吸收、土壤硝态氮累积及产量的影响［J］. 棉花学报，23（3）：253－258.

姬景红，张玉龙，张玉玲，等，2007. 不同灌溉方法对保护地土壤有机质及氮素影响的研究［J］. 土壤通报，38（6）：1105－1109.

姜慧敏，张建峰，杨俊诚，等，2009. 施氮模式对番茄氮素吸收利用及土壤硝态氮累积的影响［J］. 农业环境科学学报，28（12）：2623－2630.

蒋桂英，魏建军，刘建国，等，2012. 滴灌条件下免耕对复播油葵土壤水分利用及产量的影响［J］. 水土保持学报，26（6）：301－304.

蒋桂英，魏建军，刘萍，等，2012. 滴灌春小麦生长发育与水分利用效率的研究［J］. 干旱地区农业研究，30（6）：50－73.

蒋静艳，黄耀，2001. 农业土壤 N_2O 排放的研究进展［J］. 农业环境保护，20（1）：51－54.

井涛，樊明寿，周登博，等，2012. 滴灌施氮对高垄覆膜马铃薯产量、氮素吸收及土壤硝态氮累积的影响［J］. 植物营养与肥料学报，18（3）：654－661.

焦燕，黄耀，2013. 影响农田氧化亚氮排放过程的土壤因素［J］. 气候与环境研究，8（4）：457－465.

巨晓棠，刘学军，张福锁，2002. 冬小麦与夏玉米轮作体系中氮肥效应及氮素平衡研究［J］. 中国农业科学，35（11）：1361－1368.

康玉珍，邝美玲，刘朝东，等，2011. 马铃薯水肥一体化种植技术应用研究［J］. 广东农业科学（15）：49－50.

雷廷武，1994. 滴灌湿润比的解析设计 [J]. 水利学报，25 (1)：1-9.
李久生，张建君，饶敏杰，2004. 滴灌系统运行方式对砂壤土水氮分布影响的试验研究 [J]. 水利学报，9：31-37.
李长生，肖向明，FROLKING S，等，2003. 中国农田的温室气体排放 [J]. 第四纪研究，23 (5)：493-503.
李光霞，孙海燕，刘姗姗，等，2012. 滴灌土壤水分水平运移模型的辨识 [J]. 科学技术与工程，10 (25)：1671-1815.
李光永，曾德超，1997. 滴灌土壤湿润体特征值的数值算法 [J]. 水利学报，28 (7)：1-6.
李海波，韩晓增，王风，2007. 长期施肥条件下土壤碳氮循环过程研究进展 [J]. 土壤通报，38 (2)：384-388.
李虎，邱建军，王立刚，等，2012. 中国农田主要温室气体排放特征与控制技术 [J]. 生态环境学报，21 (1)：159-165.
李虎，王立刚，邱建军，2012. 基于 DNDC 模型的华北典型农田氮素损失分析及综合调控途径 [J]. 中国生态农业学报，20 (4)：414-421.
李久生，杜珍华，栗岩峰，2008. 地下滴灌系统施肥灌溉均匀性的田间试验评估 [J]. 农业工程学报 (4)：83-87.
李久生，张建君，任理，2002. 滴灌点源施肥灌溉对土壤氮素分布影响的试验研究 [J]. 农业工程学报，18 (5)：61-66.
李久生，张建君，饶敏杰，等，2005. 滴灌施肥灌溉的水氮运移数学模拟及试验验证 [J]. 水利学报 (8)：933-938.
李久生，张建君，薛克宗，2003. 滴灌施肥灌溉原理与应用 [M]. 北京：中国农业科学技术出版社.
李龙臣，曹磊，李连忠，等，2003. 设施园艺滴灌技术发展中存在的问题及建议 [J]. 山东林业科技 (2)：51-53.
李楠，陈冠雄，1993. 植物释放 N_2O 速率及施肥的影响 [J]. 应用生态学报，4 (3)：295-298.
李世清，李生秀，李凤民，2000. 石灰性土壤氮素的矿化和硝化作用 [J]. 兰州大学学报（自然科学版），36 (1)：98-104.
李香兰，徐华，蔡祖聪，2009. 水分管理影响稻田氧化亚氮排放研究进展 [J]. 土壤，41 (1)：1-7.
李晓欣，胡春胜，陈素英，2005. 控制灌水对华北高产区土壤硝态氮累积的影响 [J]. 河北农业科学，9 (3)：6-10.

李鑫，巨晓棠，张丽娟，等，2008. 不同施肥方式对土壤氨挥发和氧化亚氮排放的影响 [J]. 应用生态学报，19（1）：99－104.

李志国，张润花，赖冬梅，等，2012. 西北干旱区两种不同栽培管理措施下棉田 CH_4 和 N_2O 排放通量研究 [J]. 土壤学报，49（5）：924－934.

李志博，王起超，陈静，2002. 农业生态系统的氮循环研究进展 [J]. 土壤与环境，11（4）：417－425.

栗岩峰，李久生，饶敏杰，2006. 滴灌系统运行方式施肥频率对番茄产量与根系生长的影响 [J]. 中国农业科学，39（7）：1419－1427.

梁巍，张颖，岳进，等，2004. 长效氮肥施用对黑土水旱田 CH_4 与 N_2O 排放的影响 [J]. 生态学杂志，23（3）：44－48.

林琪，侯立白，韩伟，2004. 不同肥力土壤下施氮量对小麦子粒产量和品质的影响 [J]. 植物营养与肥料学报，10（6）：561－567.

刘昌明，周长青，张士锋，等，2005. 小麦水分生产函数及其效益的研究 [J]. 地理研究，24（1）：1－10.

刘洪亮，曾胜河，施敏，等，2004. 棉花膜下滴灌施肥技术的研究 [J]. 土壤肥料（2）：29－34.

刘虎成，徐坤，张永征，等，2012. 滴灌施肥技术对生姜产量及水肥利用率的影响 [J]. 农业工程学报，28：106－111.

刘建英，张建玲，赵宏儒，2006. 水肥一体化技术应用现状、存在问题与对策及发展前景 [J]. 内蒙古农业科技（6）：32－33.

刘晓星，2012. 干旱区土壤氮转化过程及其影响因素研究 [D]. 新疆：新疆大学.

刘学军，巨晓棠，潘家荣，等，2002. 冬小麦-夏玉米轮作中的氮素平衡与损失途径 [J]. 土壤学报（增刊），6：228－237.

刘巽浩，陈阜，1991. 对氮肥利用效率若干传统观念的质疑 [J]. 耕作与栽培（1）：33－40＋60.

刘光栋，吴文良，2005. 华北农业高产粮区地下水面源污染特征及环境影响研究：以山东省桓台县为例 [J]. 中国生态农业学报，13（2）：125－129.

鲁如坤，刘鸿翔，闻大中，等，1996. 我国典型地区农业生态系统养分循环与平衡研究Ⅰ. 农田养分支出参数 [J]. 土壤通报，27（4）：145－151.

鲁如坤，刘鸿翔，闻大中，等，1996. 我国典型地区农业生态系统养分循环与平衡研究Ⅱ. 农田养分收入参数 [J]. 土壤通报，27（4）：151－154.

鲁如坤，刘鸿翔，闻大中，等，1996. 我国典型地区农业生态系统养分循环和平衡研究Ⅲ. 全国和典型地区养分循环和平衡现状 [J]. 土壤通报，27 (5)：193-196.

鲁如坤，等，1998. 土壤—植物营养学原理和施肥 [M]. 北京：化学工业出版社.

罗涛，王煌平，张青，等，2010. 菠菜硝酸盐含量符合安全生产的氮肥用量研究 [J]. 植物营养与肥料学报，16 (5)：1282-1287.

雒新萍，白红英，路莉，等，2009. 黄绵土 N_2O 排放的温度效应及其动力学特征 [J]. 生态学报，29 (3)：1226-1233.

吕谋超，蔡焕杰，黄修桥，2008. 同步滴灌施肥条件下根际土壤水氮分布试验研究 [J]. 灌溉排水学报，27 (3)：24-27.

马建芳，2008. 蔬菜水肥一体化高效节水技术试验研究初探 [J]. 天津农林科技 (3)：6-7.

马腾飞，危常州，王娟，等，2010. 不同灌溉方式下土壤中氮素分布和对棉花氮素吸收的影响 [J]. 新疆农业科学 (5)：859-864.

马孝义，谢建波，康银红，2006. 重力式地下滴灌土壤水分运动规律的模拟研究 [J]. 灌溉排水学报，25 (6)：5-10.

孟磊，蔡祖聪，丁维新，2008. 长期施肥对华北典型潮土 N 分配和 N_2O 排放的影响 [J]. 生态学报，28 (12)：6197-6203.

聂紫瑾，陈源泉，张建省，等，2013. 黑龙港流域不同滴灌制度下的冬小麦产量和水分利用效率 [J]. 作物学报，7：1-7.

潘家荣，巨晓棠，刘学军，等，2009. 水氮优化条件下在华北平原冬小麦/夏玉米轮作中化肥氮的去向 [J]. 核农学报，23 (2)：334-340.

逄焕成，2006. 我国节水灌溉技术现状与发展趋势分析 [J]. 中国土壤与肥料 (5)：45.

裴淑玮，张圆圆，刘俊锋，等，2012. 华北平原玉米-小麦轮作农田 N_2O 交换通量的研究 [J]. 环境科学，33 (10)：3641-3646.

彭琳，彭祥林，卢宗藩，1981. (土娄) 土旱地土壤硝态氮季节性变化与夏季休闲的培肥增产作用 [J]. 土壤学报，18 (3)：212-222.

齐玉春，董云社，1999. 土壤氧化亚氮产生、排放及其影响因素 [J]. 地理学报，54 (6)：534-542.

邱建军，王立刚，等，2012. 环渤海区域农业碳氮平衡定量评价及调控技术研究 [M]. 北京：科学技术出版社.

山仑，康绍忠，吴普特，2004. 中国节水农业 [M]. 北京：中国农业出版社，

229－230.
沈善敏，1998. 中国土壤肥力［M］. 北京：中国农业出版社.
史刚荣，2004. 植物根系分泌物的生态效应［J］. 生态学杂志，23（1）：97－101.
时正元，鲁如坤，1993. 农田养分再循环研究Ⅰ：作物秸秆养分利用率［J］. 土壤，25（6）：281－285.
苏芳，丁新泉，高志岭，等，2007. 华北平原冬小麦-夏玉米轮作体系氮肥的氨挥发［J］. 中国环境科学，27（3）：409－413.
孙克刚，张学斌，吴政卿，等，2001. 长期施肥对不同类型土壤中作物产量及土壤剖面硝态氮累积的影响［J］. 华北农学报，16（3）：105－109.
孙海燕，李明思，王振华，等，2004. 滴灌点源入渗湿润锋影响因子的研究［J］. 灌溉排水学报，23（3）：14－27.
孙海燕，李晓斌. 2013. 滴灌条件下土壤水分运移模型的辨识与优化［J］. 科学技术与工程，13（19）：1671－1815.
孙文涛，孙占祥，王聪翔，等，2006. 滴灌施肥条件下玉米水肥耦合效应的研究［J］. 中国农业科学，39（3）：563－568.
孙占祥，邹晓锦，张鑫，等，2011. 施氮量对玉米产量和氮素利用效率及土壤硝态氮累积的影响［J］. 玉米科学，19（5）：119－123.
隋方功，王运华，长友诚，等，2001. 滴灌施肥技术对大棚甜椒产量与土壤硝酸盐的影响［J］. 华中农业大学学报，20（4）：38－362.
隋娟，王建东，龚时宏，等，2014. 滴灌条件下水肥耦合对农田水氮分布及运移规律的影响［J］. 灌溉排水学报，33（1）：1－6＋29.
王大力，尹澄清，2000. 植物根孔在土壤生态系统中的功能［J］. 生态学报，20（5）：869－874.
王冀川，高山，徐雅丽，等，2012. 不同滴灌量对南疆春小麦光合特征和产量的影响［J］. 干旱地区农业研究，30（4）：42－48.
王激清，韩宝文，刘社平，2011. 施氮量和耕作方式对春玉米产量和土体硝态氮累积的影响［J］. 干旱地区农业研究，29（2）：129－135.
王娟，马腾飞，危常州，等，2011. 不同灌溉方式对棉花氮素吸收利用和氮肥利用率的影响［J］. 石河子大学学报（自然科学版），29（6）：670－673.
王立刚，李虎，邱建军，2008. 黄淮海平原典型农田土壤 N_2O 排放特征［J］. 中国农业科学，41（4）：1248－1254.
王明星，张仁健，郑循华，2000. 温室气体的源与汇［J］. 气候与环境研究，5（1），75－791.

王树安，兰林旺，周殿玺，等，2007. 冬小麦节水高产技术体系研究 [J]. 中国农业大学学报，12 (6)：44.
王伟，李光永，傅臣家，等，2009. 棉花苗期滴灌水盐运移数值模拟及试验验证 [J]. 灌溉排水学报，28 (1)：32-36.
王英，2002. 黑龙江省农田养分循环与平衡状况初步探讨 [J]. 土壤通报，33 (4)：268-271.
温变英，2010. 水肥一体化技术在温室蔬菜中的应用 [J]. 现代园艺 (1)：4.
吴勇，高祥照，杜森，等，2011. 大力发展水肥一体化，加快建设现代农业 [J]. 中国农业信息 (12)：19-22.
吴舜泽，王东，吴悦颖，等，2013. 华北平原地下水环境监测及污染防治措施 [J]. 环境保护，12：20-22.
习金根，周建斌，赵满兴，等，2004. 滴灌施肥条件下不同种类氮肥在土壤中迁移转化特性的研究 [J]. 植物营养与肥料学报，10 (4)：337-342.
夏敬源，彭士琪，2007. 中国灌溉施肥技术的发展与展望：国内外灌溉施肥技术研究与进展 [M]. 北京：中国农业出版社：20-25.
徐淑贞，张双宝，鲁俊奇，等，2000. 滴灌条件下日光温室番茄需水规律及水分生产函数 [J]. 河北农业科学，4 (3)：1-5.
徐文彬，刘维屏，刘广深，2001. 应用 DNDC 模型分析施肥和翻耕方式变化对旱田土壤 N_2O 释放的潜在影响 [J]. 应用生态学报，12 (6)：917-922.
叶优良，李隆，张福锁，等，2004. 灌溉对大麦/玉米带田土壤硝态氮累积和淋失的影响 [J]. 农业工程学报，20 (5)：105-109.
叶优良，包兴国，宋建兰，等，2004. 长期施用不同肥料对小麦-玉米间作产量、氮吸收利用和土壤硝态氮累积的影响 [J]. 植物营养与肥料学报，10 (2)：113-119.
叶优良，李隆，孙建好，2008. 豆科作物与玉米间作对土壤硝态氮累积和分布的影响 [J]. 中国生态农业学报，16 (4)：818-823.
叶优良，李隆，索东让，2008. 小麦/玉米和蚕豆/玉米间作对土壤硝态氮累积和氮素利用效率的影响 [J]. 生态环境，17 (1)：377-383.
叶灵，巨晓棠，刘楠，等，2010. 华北平原不同农田类型土壤硝态氮累积及其对地下水的影响 [J]. 水土保持学报，24 (2)：165-178.
严晓元，施书莲，杜丽娟，等，2000. 水分状况对农田土壤 N_2O 排放的影响 [J]. 土壤学报，37 (4)：482-489.
杨梦娇，吕新，侯振安，等，2013. 滴灌施肥条件下不同土层硝态氮的分布规

律 [J]. 新疆农业科学，50 (5)：875－881.
杨学忠，李学文，2011. 冀东平原设施辣椒水肥一体化技术应用效果研究 [J]. 现代农业科技 (5)：105－106.
杨锦，2011. 大田尺度下地面滴灌土壤水分运移规律试验研究 [J]. 甘肃水利水电技术，7 (6)：44－46.
尹飞虎，刘洪亮，谢宗铭，等，2010. 棉花滴灌专用肥氮磷钾元素在土壤中的运移及其利用率 [J]. 地理研究，29 (2)：235－243.
尹飞虎，曾胜和，刘瑜，等，2011. 滴灌春麦水肥一体化肥效试验研究 [J]. 新疆农业科学，48 (12)：2299－2303.
于红梅，2005. 不同水氮管理下蔬菜地水分渗漏和硝态氮淋洗特征的研究 [D]. 北京：中国农业大学.
袁新民，同延安，杨学云，等，2000. 有机肥对土壤 NO_3^- －N 累积的影响 [J]. 土壤与环境，9 (3)：197－200.
闫静静，2011. 豆类与非豆类作物生长对土壤呼吸和土壤 N_2O 排放的影响 [D]. 武汉：湖北大学.
袁野，2010. 滴灌：农业水资源的出路 [J]. 农经 (1)：5.
曾江海，王智平，张玉铭，等，1995. 小麦-玉米轮作期土壤排放 N_2O 通量及总量估算 [J]. 环境科学，16 (1)：32－35＋67.
张承林，2009. 不同灌溉施肥方式对香蕉生长和产量的影响 [J]. 植物营养与肥料学报，15 (2)：484－487.
张林，吴普特，范兴科.2010. 多点源滴灌条件下土壤水分运动的数值模拟 [J]. 农业工程学报，26 (9)：40－45.
张光辉，费宇红，严明疆，等，2009. 灌溉农田节水增产对地下水开采量影响研究 [J]. 水科学进展，19 (3)：350－355.
张光辉，连英立，刘春华，等，2011. 华北平原水资源紧缺情势与因源 [J]. 地球科学与环境学报，33 (2)：172－176.
张学军，赵营，陈晓群，等，2007a. 滴灌施肥中施氮量对两年蔬菜产量、氮素平衡及土壤硝态氮累积的影响 [J]. 中国农业科学，40 (11)：2535－2545.
张学军，赵营，任福聪，等，2007b. 滴灌条件下施氮量对黄瓜-番茄种植体系中土体 NO_3^- －N 淋洗的影响 [J]. 干旱地区农业研究，25 (4)：157－162.
张玉铭，2005. 华北太行山前平原冬小麦-夏玉米轮作农田氮素循环与平衡研究 [D]. 北京：中国农业大学.

赵俊晔，于振文，李延奇，等，2006. 施氮量对土壤无机氮分布和微生物量氮含量及小麦产量的影响 [J]. 植物营养与肥料学报，12 (4)：466 - 472.

赵亮，成钢，孙鹏程，2013. 模拟强降雨条件下硝态氮在土壤剖面的累积及淋溶研究 [J]. 安徽农业科学，41 (7)：2941 - 2943.

郑循华，王明星，王跃思，等，1997. 温度对农田 N_2O 产生与排放的影响 [J]. 环境科学，18 (5)：1 - 5.

郑循华，王明星，王跃思，等，1997. 华东稻田 CH_4 和 N_2O 排放 [J]. 大气科学，21 (2)：231 - 237.

钟文辉，蔡祖聪，尹力初，等，2008. 种植水稻和长期施用无机肥对红壤氨氧化细菌多样性和硝化作用的影响 [J]. 土壤学报，45 (1)：105 - 111.

钟茜，巨晓棠，张福锁，2006. 华北平原冬小麦/夏玉米轮作体系对氮素环境承受力分析 [J]. 植物营养与肥料学报，12 (3)：285 - 293.

邹国元，张福锁，2002. 根际反硝化作用与 N_2O 释放 [J]. 中国农业大学学报，7 (1)：77 - 82.

朱兆良，文启孝，1992. 中国土壤氮素 [M]. 南京：江苏科学技术出版社：303.

朱兆良，张福锁，等，2010. 主要农田生态系统氮素行为与氮肥高效利用的基础研究 [M]. 北京：科学出版社.

AKIMASA N，YOICHI U，AKIRA Y，2003. Effect of organic and inorganic fertigation on yields，δ15N values，and δ13C values of tomato [J]. Plant and Soil，255：343 - 349.

AULAKH M S，DORAN J W，MOSIER A R，1992. Soil denitrification：significance measurement and effect of management [J]. Advances in Soil Science，18：1 - 57.

BALL B C，SCOTT A，PARKER J P，1999. Fields N_2O，CO_2 and CH_4 fluxes in relation to tillage，compaction and soil quality in Scotland [J]. Soil &Tillage Research，53 (1)：29 - 39.

BARNARD R，LEADLEY P W，HUNGATE B A，2005. Global change，nitrification，and denitrification：a review [J]. Global Biogeochemical Cycles，19 (1)：GB1007，doi：10.1029/2004GB002282.

BACHCHHAV S M，2005. Fertigation technology for increasing sugarcane production [J]. Indian Journal of Fertilizers，1 (4)：85 - 89.

BAR Y B，SHEIKHOLSLAMI M R，1976. Distribution of water and ions in soils irrigated and fertilized from a trickle source [J]. Soil Sci. Soc. Am. J, 40: 575 - 582.

BEARE M H, WILSON P E, FRASER P M, 2002. Management effects on-barely straw decomposition, nitrogen release, and crop production [J]. Soil Sci Soc A m J, 66: 848 - 856.

BEHEYDT D, BOECKX P, SLEUTEL S, et al, 2007. Validation of DNDC for 22 long - term N_2O field emissions measurements [J]. Atmospheric Environment, 41: 6196 - 6211.

BENBI D K, BISWAS C R, KALKAT J S, 1991. Nitrate distributionand accumulation in an Ustochrept Soil profile in a long - term fertilizer experiment [J]. Fertilizer Research, 28: 173 - 177.

BELLIDO L, BELLIDO R J, REDONDO R, 2005. Nitrogen efficiency in wheat under rainfed Mediterranean conditions as affected by split nitrogen application [J]. Field Crops Research, 94: 86 - 97.

BELLIDO L, ROMERO V, Benlíte V J, et al, 2012. Wheat response to nitrogen splitting applied to a Vertisols in different tillage systems and cropping rotations under typical Mediterranean climatic conditions [J]. European Journal of Agronomy, 43: 24 - 32.

BHARAMBE P R, NARWADE S K, OZA S R, et al, 1997. Nitrogen management in cotton through drip irrigation [J]. Journal of the Indian Society of Soil Science, 45 (4): 705 - 709.

BLACK A S, WARING S A, 1979. Adsorption of nitrate, chloride and sulfate by some highly weathered soils from south - east Queens - land [J]. Aust. J. Soil Res, 17: 271 - 272.

BLAINE R H, JIRKA S, HOPMANS J W, 2006. Evaluation of urea - ammonium - nitrate fertigation with drip irrigation using numerical modeling [J]. Agricultural water management, 86: 102 - 113.

BOUWMAN A F, BOUMANS L J M, BATJES N H, 2002. Emissions of N_2O and NO from fertilized fields: Summary of available measurement data [J]. Global Biogeochemical Cycles, 16 (4): 1058.

BREMNER J M, ROBBINS S G, BLACKMER A M, 1980. Seasonalvariability in emission ofnitrousoxide from soil [J]. Geophysical Research Letters, 7 (9): 641 - 644.

BREMNER J M, BLACKMER A M, 1978. Nitrous oxide: Emission from soils during nitrification of fertilizer nitrogen [J]. Science, 199: 295 - 296.

BRONSON K F, MOSIER A R, BISHNOI K N, 1992. Nitrous oxide emission in irrigated corn as affected by nitrification inhibitors [J]. Soil Sci. Soc. Am. J., 56: 161 - 165.

CONSTANTINOS E, IOANNIS M, GEORGIOS P, 2010. Efficient urea - N and KNO_3^- - N uptake by vegetable plants using fertigation [J]. Agron. Sustain, 30: 763 - 768.

COTE C M, BRISTOW K L, CHARLESWORTH P B, et al, 2003. Analysis of soil wetting and solute transport in subsurface trickle irrigation [J]. Irrig Sci, 22: 143 - 156.

CYNTHIA M K, DENNIS E R, WILLIAM R H, 2010. Cover cropping affects soil N_2O and CO_2 emissions differently depending on type of irrigation [J]. Agriculture, Ecosystems and Environment, 137: 251 - 260.

DAVIDSON E A. Fluxes of nitrous oxide and nitric oxide from terrestrial ecosystems [C] //ROGERS J E, WHITMAN W B. Microbial Production and Consumption of Greenhouse Gases: Methane.

DEMSAR J, OSVALD J, 2003. Influence of NO_3^- : NH_4^+ ratio on growth and nitrate accumulation in lettuce (*Lactuca sativa* var. *capitata* L.) in an aeropinic system [J]. Agrochimica, 47: 112 - 121.

DICK J, KAYA B, SOUTOURA M, et al, 2008. The contribution of agricultural practices to nitrous oxide emissions in semi - arid Mali [J]. Soil Use and Management, 24 (3): 292 - 301.

DINNES D L, KARLEN K L, JAYNES D B, et al, 2002. Nitrogen management strategies to reduce nitrate leaching in tile - drained midwestern soils [J]. Agronomy Journal, 194: 153 - 171.

DOBBIE K E, MCTAGGART I P, SMITH K A, 1999. Nitrous oxide emissions from intensive agricultural systems: Variations between crops and seasons, key driving variables, and mean emission factors [J]. Journal of Geophysical Research, 104 (D21): 26891 - 26899.

DOBBIE K E, SMITH K A, 2001. The effects of temperature, water - filled-pore space and land use on N_2O emissions from an imperfectlydrained gleysol [J]. European Journal of Soil Science, 52 (4): 667 - 673.

DOBBIE K E, SMITH K A, 2003. Nitrous oxide emission factors for agricultural soils in Great Britain: The impact of soil water - filled pore space and other controlling variables [J]. Global Change Biology, 9 (2): 204 - 218.

EDUARDO A, LUIS L, ALBERTO S C, et al, 2013. The potential of organic fertilizers and water management to reduce N_2O emissions in Mediterranean climate cropping systems: a review [J]. Agriculture, Ecosystems and Environment, 164: 32 - 52.

ELLEN R G, YAEL M H, MAX K, et al, 2010. Biochar impact on development and productivity of pepper and tomato grown in fertigated soilless media [J]. Plant Soil, 337: 481 - 496.

FEIGIN A, LETEY J, JARRELL W M, 1982. Nitriogen utilization efficiency by drip irrigated celery receiving preplant or water applied N fertilizer [J]. Agronomy Journal, 74: 978 - 983.

FRENEY J, 1997. Strategies to reduce gaseous emissions of nitrogen from irrigated agriculture [J]. Nutr. Cycl. Agroecosyst, 48: 155 - 160.

FIRESTONE M K, DAVIDSON E A, 1989. Microbiological basis of NO and N_2O production and consumption in soil [C] //Exchange of trace gases between terrestrial ecosystems and the atmosphere. New York: John Wiley & Sons: 7 - 21.

GABRIELA J L, CARPENA R M, Quemada M, 2012. The role of cover crops in irrigated systems: Water balance, nitrate leaching and soil mineral nitrogen accumulation [J]. Agriculture Ecosystems and Environment, 155: 50 - 61.

GALBALLY I E, 1989. Factors controling NOx emission from soils [C] // Exchange of Trace Gases Between Terrestrial Ecosystems and the Atmosphere. Andreae, M. O. and Schimel. D. S., Eds. Dahlem Konferenzen. Wiley, Chichester: 23 - 27.

GOLDBERG D, RINOT M, KARU N, 1971. Effect of trickle irrigation intervals on distribution and utilization of soils moisture in a vine yard [J]. Soil Soc. Soc. Am. Proc, 35: 127 - 130.

GOODROAD L L, Keeney D R, 1984. Nitrous oxide production in aerobic soilsundervarying pH, temperature and water content [J]. SoilBiol Biochem, 16: 39 - 43.

GRANLI T, BOCKMAN O C, 1994. Nitrous oxide from agriculture [J]. Norwegian Journal of Agricultural Sciences, 12 (Supplement): 1-128.

HACHUM A Y, ALFARO J F, WILLARDSON L S, 1976. Water movement in soil from trickle source [J]. J. Irri. Drain. Div., ASCE, 102: 179-192.

HADI A, JUMADI O, INUBUSHI K, et al, 2008. Mitigation options for N_2O emission from a corn field in Kalimantan, Indonesia [J]. Soil Science and Plant Nutrition, 54 (4): 644-649.

HAJRASULIHA S, ROLSTON D E, LOUIE D T, 1998. Fate of ^{15}N fertilizer applied to trickle-irrigated grapevines [J]. Am. J. Enol. Vitic, 49: 191-198.

HALVORSON A D, REULE C A, 1994. Nitrogen fertilizer requirements in a annual dryland cropping system [J]. Agronomy Journal, 86: 315-318.

HANSEN S, MAHLUM J E, BAKKEN L R, 1993. N_2O and CH_4 fluxes in soil influenced by fertilization and tractor traffic [J]. Soil Biol. Biochem, 25: 621-630.

HAYAKAWA A, AKIYAMA H, SUDO S, et al, 2009. N_2O and NO emissions from an Andisol field as influenced by pelleted poultry manure [J]. Soil Biology and Biochemistry, 41 (3): 521-529.

HAYNES R J, 1985. Principles of fertilizer use for trickle irrigated crops [J]. Fertilizer Research, 6 (3): 235-255.

HAYNES R J, 1990. Movement and transformations of fertigated nitrogen below trickle emitters and their effects on pH in the wetted soil volume [J]. Fertilizer Research, 23: 105-112.

HAN J, JIA Z K, WU W, et al, 2014. Modeling impacts of film mulching on rainfed crop yield in Northern China with DNDC [J]. Field Crops Research, 155: 202-212.

HEBBAR S S, RAMACHANDRAPPA B K, NANJAPPA H V, et al, 2004. Studies on NPK drip fertigation in field grown tomato [J]. Europ. Journal of Agronomy, 21: 117-127.

HOU Z N, CHEN W P, LIA X, et al, 2009. Effects of salinity and fertigation practice on cotton yield and ^{15}N recovery [J]. Agricultural Water Management, 96: 1483-1489.

JOURNEL A G, HUIJBREGTS C J, 1978. Mining geostatistics [M]. New

York：Academic Press.

JURY W A，WARL K D，1977. Water movement in bare and cropped soil under isolated trickle emitters：Analysis of bare soil experiments [J]. Soil Sci. Soc. Am. Proc，41：852－856.

KADAM S A，2009. Effect of fertigation on emission uniformity of drip irrigation system [J]. International Journal of Agricultural Engineering，2 (1)：72－74.

KAFKAFI U，2007. Global Aspects of Fertigation Usage [M]. Beijing：Chinese Agricultural Press：26－44.

KALLENBACH C M，ROLSTON D E，HORWATH W R，2010. Cover cropping affects soil N_2O and CO_2 emissions differently depending on type of irrigation [J]. Agric. Ecosyst. Environ，137：251－260.

KARPENSTEIN M M，STUELPNAGEL R，2000. Biomass yield nitrogen fixation of legumes monocropped and intercropped with rye and rotation effects on a subsequentmaize crop [J]. Plantand Soil，218：215－232.

KHALIL A D K，SINGH A K，SINGH M K，2007. Modelling of nitrogen leaching from experimental onion field under drip fertigation [J]. Agricultural water management，89：15－28.

KLEMEDTSSON L，SVENSSON B H，ROSSWALL T，1988. Relationships between soil moisture content and nitrous oxide production during nitrification [J]. Boil. Fertil. Soils，6：106－111.

KNOWLES R，1982. Denitrification [J]. Microbiological Reviews，46 (1)：43－70.

KWONG K F N K，DECILLE J，1994. Application of ^{15}N－lablled urea to sugar cane through a drip－irrigation system in Mauritius [J]. Fertilizer Research，39：223－328.

LAURA S M，ANA M，LOURDES G T，2010. Combination of drip irrigation and organic fertilizer for mitigating emissions of nitrogen oxides in semiarid climate [J]. Agriculture，Ecosystems & Environment，137 (1)：99－107.

LI C，FROLKING S，BUTTERBACH B K，2005. Carbon sequestration in arable soils is likely to increase nitrous oxide emissions，offsetting reductions in climate radiative forcing [J]. Climate change，72：321－338.

LI C，QIU J，FROLKING S，et al，2002. Reduced methane emissions from large - scale changes in water management of China's rice paddies during 1980 - 2000 [J]. Geophysical Research Letters, 29 (20): doi: 10. 1029/2002GL015370.

LI C, FROLKING S, FROLKING T A, 1992a. A model of nitrous oxide evolution from soil driven by rainfall events: 1. Model structure and sensitivity [J]. Journal of Geophysical Research - atmospheres, 97 (D9): 9759 - 9776.

LI C, FROLKING S, XIAO X, et al, 2005. Modeling impacts of farming management alternatives on CO_2, CH_4, and N_2O emissions: A case study for water management of rice agriculture of China [J]. Global Biogeochemical Cycles, 19 (3): doi: 10. 1029/2004GB002341.

LI C, NARAYANAN V, HARRISS R, 1996. Model estimates of nitrous oxide emissions from agricultural lands in United States [J]. Global Biogeochemical Cycles, 10: 297 - 306.

LI C, ZHUANG Y, FROLKING S, et al, 2003. Modeling soil organic carbon change in croplands of China [J]. Ecological Applications, 13 (2): 327 - 336.

LI C, 2000. Modeling traces gas emissions from agricultural ecosystems [J]. Nutrient cycling in agroecosystems, 58 (1 - 3): 259 - 276.

LI H, QIU J, WANG L, et al, 2010. Modelling impacts of alternative farming management practices on greenhouse gas emissions from a winter wheat - maize rotation system in China [J]. Agriculture, Ecosystem and Environment, 135: 24 - 33.

LI J S, ZHANG J J, RAO M J, 2004. Wetting patterns and nitrogen distributions as affected by fertigation strategies from a surface point source [J]. Agricultural Water Management, 67: 89 - 104.

LI W X, LI L, SUN J H, et al, 2005. Effects of intercropping and nitrogen application on nitrate present in the profile of an Orthic Anthrosol in Northwest China [J]. Agriculture, Ecosystems & Environment, 105 (3): 483 - 491.

LUIS L B, VERO M R, RAFAEL J L, 2013. Nitrate accumulation in the soil profile: Long - term effects of tillage, rotation and N rate in a Mediterranean Vertisol [J]. Soil & Tillage Research, 130: 18 - 23.

MALHI S S, MCGILL W B, NYBORG M, 1990. Nitrate losses in soils: Effect of temperature, moisture and substrate concentration [J]. Soil Biologyand Biochemistry, 22 (6): 733 - 737.

MARTINEZ H, BAR Y B, KAIKAFI U, 1991. Effect of surface and subsurface drip fertigation on sweet corn rooting, uptake, dry matter production and yield [J]. Irrig. Sci, 12: 153-159.

MCCALL W, MCCALL D, WILLUMSEN J, 1998. Effects of nitrate, ammonium and chloride application on the yield and nitrate content of soil-grown lettuce [J]. Hortic. Sci. Biotechnol., 73: 698-703.

MENENDEZ S, MERINO R, PINTO M, et al, 2009. Effect of N (n-buty) thiophosphoric triamide and 3, 4 dimethylpyrazole phosphate on gaseous emissions from grasslands under different soil water contents [J]. Journal of Environmental Quality, 38 (1): 27-35.

MILLER R J, ROLSTON D E, RAUSCHKOLB R S, et al, 1981. Labeled nitrogen uptake by drip-irrigated tomatoes [J]. Agronomy Journal, 73: 265-270.

MOSIER A R, PARTON W J, PHONGPAN S, 1999. Long-term large N and immediate small N addition effects on trace gas fluxes in the Colorado shortgrass steppe [J]. Biology and Fertility of Soils, 28 (1): 44-501.

MOREIRA B J M, MATULA F S, DOLEZAL J M, et al, 2012. A Decision Support System-Fertigation Simulator (DSS-FS) for design and optimization of sprinkler and drip irrigation systems [J]. Computers and Electronics in Agriculture, 86: 111-119.

MYROLD D D, TIEDJE J, 1986. Simultaneous estimation of several nitrogen cycle rates using ^{15}N: theory and application [J]. Soil Biol. Biochen, 18 (6): 559-568.

NITROGEN O, HALOMETHANES, 1991. American Society for Microbiology [M]. Washington, DC: 219-235.

OPPONG D E, ABENNEY M S, SABI E B, et al, 2015. Effect of different fertilization and irrigation methods on nitrogen uptake, intercepted radiation and yield of okra (Abelmoschus esculentum L.) grown in the Keta Sand Spit of Southeast Ghana [J]. Agricultural Water Management, 147: 34-42.

OUYANG D S, MACHENZIE A F, FAN M X, 1999. Availability of banded triple superphosphate with urea anphosphorus use efficiency by corn [J]. Nutr. Cycling Agroecosyst, 53 (3): 237-247.

PAPADOPOULOS, 1986. Nitrogen fertigation of greenhouse-grown cucumber

[J]. Plant and Soil, 93: 87 - 93.

PAPANIKOLAOU C, SAKELLARIOU M M, 2013. The effect of an intelligent surface drip irrigation method on sorghum biomass, energy and water savings [J]. Irrig Sci, 31: 807 - 814.

PEOPLES M B, FRENEY J R, MOSIER A R, 1995. Minimizing gaseous losses of nitrogen. In: Bacon, P. E. (Ed.), Nitrogen Fertilization in the Environment [M]. New York: Marcel Dekker: 565 - 602.

PORTER L K, FOLLETT R F, HALVORSON A D, 1996. Fertilizer nitrogen recovery in a notill wheat - sorghum - fallow - wheat sequence [J]. Agronomy Journal, 88: 750 - 757.

QIU J, LI C, WANG L, et al, 2009. Modeling impacts of carbon sequestration on net greenhouse gas emissions from agricultural soils in China [J]. Global Biogeochem. Cycles, 23: doi: 10.1029/2008GB003180.

RAUN W R, JOHNSON G V, 1995. Soil - plant buffering of organic nitrogen in continuous winter wheat [J]. Agronomy Journal, 87: 827 - 834.

RAJPUT T B S, NEELAM, 2006. Water and nitrate movement in drip - irrigated onion under fertigation and irrigation treatments [J]. Patel Agricultural Water Management, 79: 293 - 311.

ROBERTSON G P, GROFFMAN P M, 2007. Nitrogen transformations, in Soil microbiology and biochemistry [M]. USA: Academic Press Publications: 341 - 364.

ROCHETTE P, ANGERS D A, CHANTIGNY M H, et al, 2008. N_2O fluxes in soils of contrasting textures fertilized with liquidand solid dairy cattle manures [J]. Canadian Journal of Soil Science, 88 (2): 175 - 187.

SÁNCHEZ M L, ARCE A, BENITO A, et al, 2008. Influence of drip and furrow irrigation systems on nitrogen oxide emissions from a horticultural crop [J]. Soil Biol. Biochem, 40: 1698 - 1706.

SÁNCHEZ M L, MEIJIDE A, GARCIA T L, et al, 2010. Combination of drip irrigation and organic fertilizer for mitigating emissions of nitrogen oxides in semiarid climate [J]. Agric. Ecosyst. Environ, 137: 99 - 107.

SARAH L G, STEVEN A, LAURA C, et al, 2014. First 20 years of DNDC (DeNitrification DeComposition): Model evolution [J]. Ecological Modelling, 292: 51 - 62.

SCHWARTZMAN M, ZUR B, 1986. Emitter spacing and geometry of wetted soil volume. Journal of Irrigation and Drainage Engineering [J]. ASCE, 112: 242-253.

SILBER G, XU I, LEVKOVITCH S, et al, 2003. High fertigation frequency: the effects on uptake of nutrients, water and plant growth [J]. Plant and Soil, 253: 467-477.

SMITH P, SMIH J U, POWLSON D S, et al, 1997. A comparision of the ferformance of nine soil organic matter models using datasets from seven long-term experiments [J]. Geoderma, 81: 153-225.

SMITH K A, THOMSON P E, CLAYTON H, et al, 1998. Effects of temperature, water content and nitrogen fertilization on emissions of nitrous oxide by soils, Terrestrial initiative in global environmental research-the TIGER trace gas program [J]. Atmospheric Environment, 32 (19): 3301-3309.

SMITH P, MARTINO D, CAI Z, et al, 2007. Climate Change: Mitigation [M] //Contribution of Working Group III to the Fourth Assessment Report of the Intergovernmental Panel on Climate Change. Cambridge: Cambridge University Press.

SMITH S J, NANEY J W, BERG W A, 1985. Nitrogen and ground water protection [J]. Protection and Management, 89: 367-374.

SAMPATHKUMAR T, PANDIAN B J, MAHIMAIRAJA S. 2012. Soil moisture distribution and root characters as influenced by deficit irrigation through drip system in cotton-maize cropping sequence [J]. Agricultural Water Management, 10: 33-53.

STUELPNAGEL R, 1992. Intercropping of faba bean (Vicia faba L.) with oats or springwheat [R]. Ames, Iowa: Iowa State University.

STEHFEST E, BOUWMAN L, 2006. N_2O and NO emission from agricultural fields and soils under natural vegetation: Summarizing available measurement data and modeling of global annual emissions [J]. Nutrient Cycling in Agroecosystems, 74 (3): 207-228.

STEVENS R J, LAUGHLIN R J, MOSIER A, et al, 1998. Measurement of nitrousoxide and di-nitrogen emissions from agricultural soils, International workshop on dissipation of N from the human N-cycle, and its role in present and future N_2O emissions to the atmosphere [J]. Nutrient Cycling in Agroecosystems, 52 (3): 131 - 139.

SUDDICK E C, STEENWERTH K, GARLAND G M, et al, 2011. Discerning agricultural management effects on nitrous oxide emissions from conventional and alternative cropping systems: A California Case Study [M] // GUO L, GUNASEKARA A, MCCONNELL L. Understanding Greenhouse Gas Emissions from Agriculture Management. ACS Symposium Series; WashingtonD. C: American Chemical Society: 203 - 226.

SUNDARA, 2011. Agrotechnologies to Enhance Sugarcane Productivity in India [J]. Sugar Tech, 13 (4): 281 - 298.

TARYN L K, EMMA C S, 2013. Reduced nitrous oxide emissions and increased yields in California tomato cropping systems under drip irrigation and fertigation [J]. Agriculture, Ecosystems & Environment, 170: 16 - 27.

VANCLOOSTER M, VIAENE P, DIELS J, et al, 1994. Wave: a mathematical model for simulating water and agrochemicals in the soil and vadose environment [R]. Institute for land and water management, Katholieke Universiteit Leuven.

WANG F X, KANG Y H, LIU S P, 2006. Effects of drip irrigation frequency on soil wetting pattern and potato growth in North China Plain [J]. Agricultural Water Management , 79 (3): 248 - 264.

WANG J D, GONG S H, XU D, et al, 2013. Impact of drip and level - basin irrigation on growth and yield of winter wheat in the North China Plain [J]. Irrigation Science, 31: 1025 - 1037.

WESTERMAN R L, BOMAN R K, RAUN W R, et al, 1994. Ammonium and nitrate nitrogen in soil profiles of long - term winter wheat fertilization experiments [J]. Agronomy Journal, 86: 94 - 99.

WHITMORE A P, SCHRÊDER J J, 2007. Intercropping reduces nitrate leaching from under field cropswithout loss of yield: A modelling study [J]. European Journal ofAgronomy, 27 (1): 81 - 88.

XU X K, BOECKX P, VAN C, et al, 2002. Unrease and nitrification inhibitors to reduce emissions of CH_4 and N_2O in rice production [J]. Nutrient Cycling in Agroecosystems, 64 (12): 203 - 211.

YAMULKI S, GOULDING K W T, WEBSTER C P, et al, 1995. Studies on

NO and N_2O fluxes from a wheat field [J]. Atmospheric Environment, 29 (14): 1627 - 1635.

YANG S M, LI F M, SUO D R. , et al, 2006. Effect of Long - Term Fertilization on Soil Productivity and Nitrate Accumulation in Gansu Oasis [J]. Agricultural Sciences in China, 5 (1): 57 - 67.

ZOU J W, HUANG Y, ZONG L G, et al, 2004. Carbon dioxide, methane, and nitrous oxide emissions from a rice - wheat rotation as affected bycrop residue in corporation and temperature [J]. Advanced in Atmospheric Science, 21 (5): 691 - 698.

ZUR B, 1996. Wetted soil volume as a design objective in trickle irrigation [J]. Irrigation Science, 16: 101 - 105.

图书在版编目（CIP）数据

乡村生态振兴背景下滴灌施肥技术增效减排效果研究 / 陈静著. —北京：中国农业出版社，2021.7
ISBN 978-7-109-28554-5

Ⅰ.①乡… Ⅱ.①陈… Ⅲ.①滴灌—研究②肥水管理—研究 Ⅳ.①S275.6②S365

中国版本图书馆 CIP 数据核字（2021）第 144715 号

中国农业出版社出版
地址：北京市朝阳区麦子店街 18 号楼
邮编：100125
责任编辑：卫晋津
版式设计：杜 然　　责任校对：吴丽婷
印刷：北京印刷一厂
版次：2021 年 7 月第 1 版
印次：2021 年 7 月北京第 1 次印刷
发行：新华书店北京发行所
开本：880mm×1230mm 1/32
印张：4.25
字数：200 千字
定价：36.00 元
